典馥眉——著

省小錢，輕鬆存下100萬

How to save money

Author Preface 作者序

錢的問題，就是簡單的數字問題

每一個人都是自己的財政部長，如果常常搞不清楚自己身邊有多少錢，又該如何管理，甚至是運籌帷幄呢？

在本書中，會使用幾個表格來協助我們更快掌握錢的動向，只需填寫完這幾張非常簡單的表格，就可以一窺由我們自己掌舵下的財政，究竟哪裡出了問題？為什麼明明也沒花什麼錢，卻常常成為別人口中的月光族？或者，甚至有些尚未繳清的貸款。

不管自己現在身邊錢多還是錢少，有無存款，只要透過這幾張表格，立刻能把自己財政問題看得一清二楚。

接下來，只要按照書中的每一步驟，一項、一項輕輕鬆鬆照著做，有的方法甚至不到幾秒鐘時間，就可以為我們自己的荷包，長期省下一筆為數可觀的小財富喔！

別擔心表格填寫會有多麻煩，這些表格不是用來約束自己，而是讓我們「更方便掌握錢財的運用」而已。

這本書，深入訪談了幾位上班族、SOHO族朋友，看看他們如何從大學需要自己繳學費，甚至是一畢業就背負一筆就學貸款，到一個月月薪只有兩萬塊，卻能在22歲大學畢業時，從零開始，敢在每年的跨年願望中寫下：希望30歲能買到自己想要的小套房。

這些人如何從「零」，甚至是「負」，到30歲就能自己買房？重點是，從他們平常笑呵呵的模樣，一點都感覺不到他們腦袋裡有個精打細算的金算盤，其實敲得正響吶！

對他們來說，把錢存下來並不是一件很困難的事，最關鍵的問題是——「用對方法了沒」？

觀念再多，也只是紙上談兵。從觀念到實際操作的中間歷程，其實需要花上很多心思去了解，本書除了分享基本觀念之外，也非常著重在「實際操作」層面！

希望大家看完這本書，跟著一起實行後，馬上就能輕輕鬆鬆省下錢，每個人都能開開心心地存進人生第一桶金！除了「實際操作」層面，馥眉也將提供如何把錢變成子彈，利用資本額，得到的「資產收入」。

這部分的收入，與一般的「薪資收入」不同，是屬於拿錢滾錢的小秘方，馥眉對「資產收入」所抱持的態度是「額外的獎金」，或是老天爺給的「加薪金額」，對於這部分的收入較不穩定又有一定的風險，建議只能拿存款的某一小部分來做投資比較保險。

回歸到最後，錢要賺，也要花，但只要我們花得夠聰明，就能比別人省得多，當然也就能輕輕鬆鬆存下更多！

最後，感謝媽咪、金城妹子、琦、毅、徐老師、張老師、張先生，以及出版社所有同仁們。謝謝你們！

Foreword 前言

在《省小錢，輕鬆存下100萬》和《30歲前，輕鬆擁抱100萬》這2本書中，將生活中的所有支出分成兩大類，第一類是「固定支出」第二類是「流動支出」。

為什麼要這樣分類？

在本質上，這兩項支出有很大的差異性，如果我們在一頭埋入理財的領域裡前，可以先了解它們之間的差異性，將會對我們接下來的控管動作，產生非常大的幫助。最重要的幫助，就是協助我們做出——

1.首先應該把目光放到「哪一類支出」上？

2.應該先對哪一類支出做出改善措施，才能以付出最少的時間跟精力，輕輕鬆鬆存下更多的錢？

3.哪些支出的控管，其實只要做出「一次性動作」，就可天長地久一直省下去，一天天增長我們的存款數字。

4.又有哪些支出，讓我們沒感覺自己做了什麼事，卻每個月都在壯大荷包？

5.哪些支出可以變成生活中的小幸福，還讓我們錢越花越少，生活品質越來越提高，飲食安全與美味越來越好？

以下是對「固定支出」與「流動支出」的定義與分類，只要先了解我們生活有哪些開銷，分別屬於哪一類，接下來如何控管跟處理這些費用就會變得非常簡單，只要一項項慢慢看下去，在輕鬆閱讀中，就能輕易掌握其中要領，「無感」存下一桶金、兩桶金。

每個月的固定支出

固定一定要支付的費用，通常剛開始設定好一個費用數字，就會不斷一直繳交下去。

例如：住進每個月要繳交一萬塊房租的房子，通常可以輕易推算出一年房租費用要十二萬。這類費用有房租、房貸、保險費用……等等。

固定支出，就像我們身邊一個永遠不會被關起來的水龍頭，我們能掌控這個水龍頭的程度不是開跟關，而是「水流量的大小」。

舉個例子：房租費用我們是以「月」為單位支付，不管我們是否出差、出國旅遊，每天一睜開眼睛，就必須付出一筆房租費用，以每個月要繳交一萬塊房租來說，每天醒來，無形中房租費300元就會從我們的荷包裡消失，這就是所謂「永遠不會被關起來的水龍頭」。

每個月的流動支出

自由度較大，每次花費幾乎都是一次重新的選擇。例如：今天要吃餐廳還是路邊攤？這個選擇會影響到這餐飯的費用是1,000元，還是100元。這類費用有三餐、娛樂費、零用金、治裝費用……等等。

流動支出，就像我們身邊一個常常需要開開關關的水龍頭，我們能掌控這個水龍頭的「開跟關」，以及「每一次的水流量大小」。

舉個例子：每當我們知道哪裡有科技展或百貨公司周年慶，決定前往的那一刻，我們已經準備好要打開水龍頭，讓我們荷包裡的錢流出去。等人到會場，

Foreword 前言

這個很可能會流乾我們荷包的水龍頭，在我們每一次興起「真想買」的念頭時，就會被打開一次，而「每一次的水流量大小」，也就是價格的決定權，往往不在我們手裡，而是廠商定價。

透過以上的簡單分析，我們可以知道每天一睜開眼睛就會花掉的費用，也就是「永遠不會被關起來的水龍頭」，將會成為我們率先要正視的支出。

雖然這些費用看起來似乎有點可怕，但有一個很棒的好消息是——這些支出的刪減，常常只需要花費一個動作、一通電話，或一次碰面，就可以永無止盡省下去。

繪者序

大家好，我是喜歡穿著運動服的陽光魚干女！

很高興要在這裡和大家分享許多，關於我的「獨門秘方省錢術」！大家一定要拿支筆，邊看邊認真的做筆記喔！

而且更棒的是，出道以來，我首次獲得了「上下兩集連載演出」呀！（灑花花），忍不住想要和待在家鄉的阿母說：「阿母呀，我出運呀～～」

在本書中，和我一同出演的，還有許多可愛的小神仙，有小天使、小惡魔，更棒的是還有小財神哪！我這個積極的魚干女，當然是馬上把握機會，趁著演出空檔趕緊捱到小財神身邊，多吸幾口靈氣，至於有沒有效用？嘻嘻，讓我賣個關子吧！大家一定要把上、下兩冊都看完喔！

陽光魚干女檔案

封號：陽光魚干女
特徵：總是充滿活力
髮型：前後兩顆包包頭
由來：總是穿著運動服，默默的在自己的工作崗位努力的女孩，陽光、樂觀，一步一步邁向光明的未來！

Contents 目錄

Contents 目錄

Part 4 讓我們成為存款A咖！151

Part 5 貼心小幫手八大空白表格 183

前置作業：

Part 1 輕鬆存錢的大方向與小撇步

1. **把存錢**，看成一場生活遊戲
2. 存錢，**其實是種能力！**
3. 目標**有三種，**你都知道了嗎？
4. 小試身手：**入門四小表格**
5. 存錢高手必寫**四大金礦表格**
6. 不管**收入多寡，**維持數字一樣的支出金額
7. 利用**多個戶頭分類**
8. **支出**以星期為單位，**存款**以月分為單位

1.把存錢，看成一場生活遊戲

採取任何行動之前，稍微做一點計劃，往往可以讓事情更加事半功倍！尤其是關於錢的事，如果可以先：

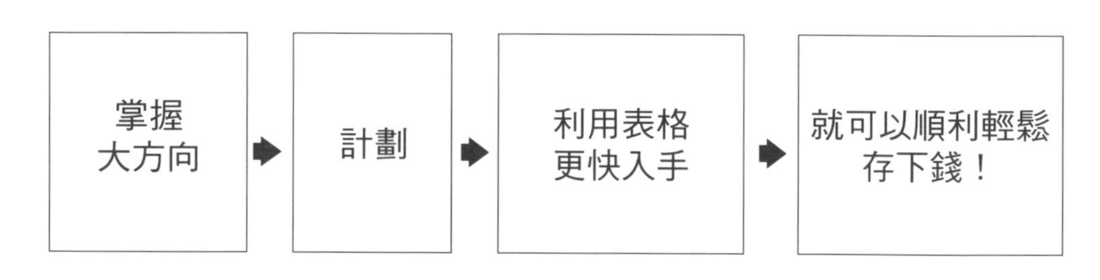

存錢一點也不苦，就像一場人人都會玩也都能玩的數字遊戲。同時，它還是一個非常有趣的人生遊戲，只要掌握幾個大方向和小方法，就能輕輕鬆鬆存下我們人生的第一桶金喔！

做自己最厲害財政部長四大步驟

每個人都是自己最佳的財政部長，如果我們不好好操管自己的錢，還有誰會比我們更珍惜它、善用它呢？

幸好我們不是國家財政部長，經手的錢不會充滿數不清的預算表跟核對表，往往我們的收入就是一份薪水，在每個月固定的時間流進口袋，接下來，就看該怎麼妥善運用了。

要讓自己的錢活躍起來，有四大步驟：

第一步驟：掌控金錢。

先搞清楚自己身邊現在到底有多少錢？是否有欠款？看起來似乎有些小棘手的問題，其實只需要以下這兩個表格（存款秘書四號、存款秘書六號），就能夠輕輕鬆鬆一手掌握自己目前的金錢狀況。

存款秘書四號主要紀錄「存款」部分。

存款又可以分為「活存」與「定存」，如果子彈存到一定數字，還可以提撥一小部分定存外幣，分擔風險，有時候還能小賺一筆外幣匯差，當作老天爺給我們的額外加薪。關於外幣的部分，會在下一本書詳談，現在最重要的是「如何先把錢存到手」！

存款秘書四號

存款體質	A銀行存款	B銀行存款	B銀行定存	外幣戶頭	總和
一月					
二月					
三月					
四月					
五月					
六月					
七月					
八月					
九月					
十月					
十一月					
十二月					
年度總收入					

存款秘書六號

貸款金額	還款日期	還款金額	尚未還清貸款

存款秘書六號則紀錄「有無欠款」部分。

只要將存款秘書六號跟存款秘書四號花幾秒鐘填寫一下，自己手邊有多少錢可以運用，還需要還款多少，立刻一目瞭然。

掌握自己身邊金錢概況一點也不麻煩，只要有這兩張表格，就能輕輕鬆鬆一切搞定！而且重點是，這張表格還有「月份」與「年度總收入」的小統計，可以讓我們更清楚知道手邊所有金錢的佈局、分配、運用狀況。

請記住，「了解」永遠是「運用」前最重要的第一步！

第二步驟：笑笑把錢存下來。

生活中有多少根本就不需要的支出，我們真的有想過這個問題嗎？

最可怕的是，這些支出還不是偶發性的吸一口我們辛苦賺來的錢，而是每個月都要付出一筆款項！

換句話說，這些不知不覺的費用，不管我們當月使用它多少次，用量多少，它都一直在吸血，一月一次，最令人發顫的是，它還一直、一直不斷吸下去。

別再為自己很少使用，或根本沒在使用的東西付費，每張飄進我們信箱的帳單，都應該好好檢視它的必要性，以及在維持一定生活品質的前提下，看看是否可以再降低上頭的費用。

這部分，將在Part2和大家一起詳談「如何笑笑把錢省下來」，最令人驚訝的是——**有些行為，我們只要花個幾秒鐘打個電話，不僅當月省，而且還以後的每個月都能省、省、省！**

第三步驟：善用錢滾錢。

要能存到錢，除了節流、審視自己的財政體質之外，別忘了培養自己擁有「有錢人的心態」。如此一來，我們才能搖身一變，成為真正的小資女與小富婆。

這部分，將在下冊和大家聊聊「如何輕鬆上網按幾下，就能簡簡單單玩外幣、賺一點小匯差」喔。

如何善用金錢給自己加薪？

就心態方面，可以分為幾個層面，第一層面，只是為了給生活增添樂趣的小額投資，第二層面，為了長期投資前的累積學習投資經驗，第三層面，長時間佈局的投資型態。

第四步驟：善用小技巧省錢又賺錢。

這部分，將在Part2與Part3中，和大家一起分享能增添生活樂趣，又可以賣弄小聰明的「存錢A計劃」！

讓錢活躍起來的四大步驟

第一步驟：掌控金錢。

第二步驟：笑笑把錢存下來。

第三步驟：善用錢滾錢。

第四步驟：善用小技巧省錢又賺錢。

存錢一點也不苦，就像一場人人都會玩也都能玩的數字遊戲。

2.存錢，其實是種能力！

很多人會在年度計劃表上，寫下「今年一定要存下10萬塊」，或者是「今年累積存款一定要到達25萬」。

還有另外一種人，他們會在年度計劃表上，寫下「明年要到日本玩五天，今年一定要存下出國遊玩基金5萬塊」，或者是「往房子頭期款邁進，今年累積存款抵達50萬元大關」！

把存錢，看成一種闖關遊戲

遊戲勝利時，你想獲得什麼大獎？

得到金幣買裝備，還是不斷升級，再去消滅更恐怖的大魔王？然後再得到更多金幣，換更棒的配備，接著再衝向終極大魔王。

當我們寫下「今年一定要存下10萬塊」時，其實是一種消極的做法。

就好像遊戲中，我們努力撿起滿地的金幣，卻不知道金幣到底要幹嘛一樣。如果不知道撿金幣是為了增強配備，然後消滅更高級怪物，我們還會像鯊魚聞到血腥味一樣瘋狂撿金幣嗎？

答案恐怕會偏向：其實我也不知道幹嘛要一直撿金幣，所以後來慢慢就不管金幣了。

遊戲尚且需要引導我們行為進行的目標，人生是這樣，存錢更是如此！為什麼要把「存錢」這件事，看成是一種「闖關遊戲」？答案有兩個。

第一，因為它們的形態其實非常類似，都必須先經過一番小小的趣味努力，動點腦筋，花點時間，然後獲得最後的大勝利。

第二，把「存錢」看成種「闖關遊戲」，可以增強它的動機、趣味性，最棒的是可以脫離原本苦哈哈的存錢情節。

第三，其實只要抓到存錢要領，就會輕易發現，存錢不是負債或是家用赤字時的緊縮政策，當然也不是一種求救訊號。相反的，存錢，其實是種能力！

存錢，其實是種能力！

這種能力，以下幾個單元會一一和大家分享該怎麼實際操作之外，其實它最重要的部分，就是一開頭：「必須設下具體目標」。

什麼是「具體目標」？

在馥眉撰寫一本有關人脈書籍的《20幾歲，要累積的人脈學分》書中，曾詳細比較過「一般目標」與「具體目標」之間的不同。

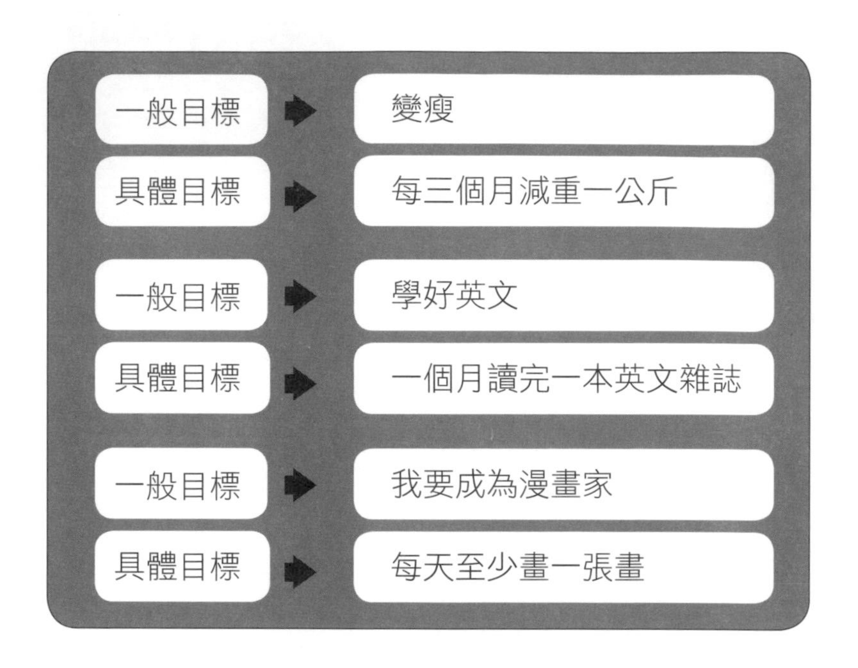

現在，就讓我們一起為自己快樂的幸福未來，寫下一份具體的目標。讓「總是能達成自己設下的目標」這件事，變成我們生活中的「常態」吧！

一旦把「目標實現」變成常態，我們的生活將會因實現的目標、絕佳的自我掌控力，變得更加快樂而豐富喔！

A. **不要為了「消滅心中的不安」而存錢，而要為滿腦子的「目標與希望」存錢！**

B. 想要某樣東西的慾望越強烈，存錢速度就會越快。

3.目標有三種，你一一都知道了嗎？

一間營運狀況極好的公司，一定會有三種目標計劃：年度計劃、中程計劃、遠程計劃。我們的人生其實很像一間公司的營運，同樣的，對於自己的生涯規劃，也應該分成三大類：

第一類：年度目標單。

寫下當年自己想要完成的重大事項，例如：存下5萬，做為後年的旅遊基金。經過簡單計算後，於是我們知道想要在一年內達成這個目標，平均每個月應該存下4,167元以上。

利用「年度目標」，再去劃分成「每月的小目標」，以此類推，可以每個月檢視自己是否完成當月的目標沒？如果順利完成，別忘了好好讚美自己一下喔！

第二類：五年目標單。

這部份的目標往往會被我們忽略它的可能性。

建議可以放心大膽寫些自己衷心希望卻比較大的目標。例如：五年後，我想要買到自己喜歡的房子。

第三類：十年目標單。

一個人能有幾個十年呢？

尤其經過掐頭扣尾之後，真正能夠讓我們恣意揮灑的十年，其實真的不多喔！

20～30歲是適合拼命學習、努力讓自己增廣見聞的年紀，迫切需要的是增加生命的「豐富度」與眼界「廣度」。

30～40歲是適合拼命向上、努力讓自己在專業領域有突出表現的年紀，迫切需要的是增加生命的「璀璨度」與眼界的「縱度」。

40～50歲是適合不斷突破、努力讓自己超越自己也超越前人的年紀，迫切需要的是增加生命「更多可能性」與眼界的「深度」。

不同的10年，我們可以給它不同的定義，等定義出來後，就可以把自己想要的人生藍圖整套放進來計劃、實行，最後完美實現！

偷看一下艾可的年度目標！
寫給自己2014年的10個願望

1. 存下5萬元
2. 看3本書
3. 觀賞5部電影
4. 每周運動三次，每次至少30分鐘
5. 要認識5位新朋友
6. 規劃到德國旅行所有行程
7. 開始到夜校補德文
8. 學會烹飪3道菜
9. 每天畫一小時動畫
10. 每周日回家陪媽媽

揪團寫願望

每年的年度規劃，我們可以稱之為「計劃」，不過，它還有另外一個比較可愛一點的說法，叫做「願望」。每一年年底，很多人總是會有一、兩場聚餐活動，或者更多！

千萬別浪費與朋友相約在這麼棒的時間點上，不管是聖誕節，還是跨年倒數，這些都是充滿希望與嶄新的節日。受夠了在這些日子的聚餐時，除了聊天之外，好像沒有一件核心事情要做的感覺嗎？

多年前，馥眉曾經準備好快二十張明信片赴約，在大家聊天冷場時，亮出手中明信片，請朋友寫下「隔年的10個願望」。

結果原本熱鬧滾滾的餐廳現場，立刻變成補習班一樣的場景，十幾位不分男女的朋友們，通通埋頭認真書寫，看得馥眉好想送每個人一個大大的擁抱！

因為馥眉發現，原來大家對自己的未來，都是非常認真看待，而且願意花時間來思考的喔。最後，大家交換唸出彼此的願望，發現有不少人的願望竟是相同的？於是大家開始彼此激勵，相約隔年此時要看看大家的達成度。

看著大家臉上因討論而發光的樣子，總會讓人突然好感動，心裡頭覺得暖暖的，彷彿一股很溫柔的能量正在心裡慢慢流動。揪團寫願望，最棒的好處就是：有一群好朋友可以提醒自己、互相激勵、和自己一起讓願望通通實現喔！

A. 小心別掉入這個惡性循環不已的陷阱裡！

工作壓力大 ➡ 心情煩躁 ➡ 亂花錢

工作壓力更大 ➡ 心情更煩躁

更毫無節制亂花錢 ➡ END：工作壓力大到快要爆炸！

B. 而要聰明避開陷阱，完成自己訂下的目標！

工作壓力大 ➡ 心情煩躁 ➡ 想亂花錢

因有目標而打消亂花錢念頭 ➡ 努力忍耐中

更毫無節制亂花錢 ➡ END：恭喜你，就讓全世界為我們鼓掌灑花吧！

4. 小試身手：入門四小表格

如果已經完成以上「目標訂定」，接下來，我們要往「輕鬆實現願望」的下一步邁進囉！

愛旅行的Ivy是個月薪2萬5的行政人員，長久以來，她為了自己最愛的旅行，總是可以每年存下4～5萬元的旅行基金。

Ivy的所得並不算高，卻可以維持一年出國一次的愛好，重點在於每年在跨年時，她就會在自己當年度的筆記本裡，清楚寫上一條「當年願望」：我想到澳洲旅行。

心中有了目標（我想到澳洲旅行），自然就可以換算出機票需要多少錢，在當地吃、住、交通需要多少錢？

接著，算出總數。這個總數「數字」，就是她今年要努力存下的旅遊基金。

當一件漂亮的衣服出現在Ivy眼前時，她心中的翹翹板會自己擁有評量後的高低，熱愛旅行的Ivy心中的翹翹板很快就會出現：「旅行＞衣服」的比重，於是她總能自然的開心轉頭，將衣服遠遠拋諸腦後。

這個轉身是個象徵：代表Ivy又朝自己真正想要的東西更進一步！

由此不難看出，能不能存下錢的重大關鍵點在於：「心中有無想要達成的目標」。

一旦「目標確定」，我們便會傾盡全力完成。

目標的設定，可以是很個人的（Ivy總說：旅行是她感受這個世界的重要管道）、很有企圖心的（蝴蝶蟲今年願望：存下第一桶金準備要開間屬於自己的咖啡店）、很穩健的（小乖近三年的固定願望：買房的頭期款）。

重點是，我們自己的目標設定好了沒呢？

目標實現四大必勝階段

第一階段：問自己「什麼對我來說最重要」？例如：小乖希望能有個屬於自己的房子。

第二階段：針對上個答案，訂出目標與願望。例如：小乖好想要買一間大約十五坪左右的房子。

第三階段：以「能力所及」的前提下，做出計劃。例如：房子頭期款100萬，小乖希望自己可以在10年存到，平均每年要存下10萬元，從大學畢業後開始工作賺錢，23歲到32歲努力工作，小乖預計自己35歲前能夠買下屬於自己的小房子，之所以不設定32歲，是因為小乖希望可以留一點緩衝時間。

第四階段：只要前面基礎打得夠穩，思路因為已經經過以上三個階段，地基已經打得夠穩，**這部分能否成功的關鍵在於——只要擁有持久力與毅力，就能順利達成目標喔。**

例如：每年需要存下10萬元，平均每個月需存下8333.33元。取其整數，小乖在自己每年目標中寫下：**「每月需存下8,500元」的目標。**

目標已經完美設定完成，接下來，我們要進行到非常簡單的一個步驟：「把數字填到表格裡」。

這個步驟非常重要，因為這些寶貝表格是我們的「存款秘書」，讓我們輕輕鬆鬆就能開心掌握「用幾個簡單數字，開心掌握自己的金錢現況」吧！

存款秘書四號

存款體質	A 銀行存款	B 銀行存款	B 銀行定存	外幣戶頭	總和
一月	2,000	8,500	200,000元（一年一張10萬定存，分別為23、24歲時存下）	1,000元紐元定存（約台幣兩萬三）	233,500
二月					
三月					
四月					
五月					
六月					
七月					
八月					
九月					
十月					
十一月					
十二月					
年度總收入					

以25歲的小乖當作例子：由右邊「存款秘書四號」表格可知以下幾點：

第一點：A銀行存款是小乖一月還可以花用的額度，花剩的餘款，小乖會把它存入「外幣戶頭」裡，當作投資基金，不過，前提是小乖已經先把「每月目標存款8500元」存進定存裡，這部分是拿額外餘款，來做一點小投資。

第二點：B銀行存款（家附近的郵局），每月存入8,500元。

第三點：B銀行定存（家附近的郵局），一年一張定存單，代表每個「每年存下10萬元」小里程碑的完成。由「存款秘書四號」可知，小乖已經成功存下兩年的20萬，朝目標穩穩邁進了兩大步囉！

第四點：外幣戶頭，每月剩餘的花用，小乖都會投入自己的「外幣戶頭」裡，當作自己初試投資水溫的小額基金。

第五點：總和。這部分可以清楚看見每月總和，以及當年總和，還可以看見哪個月沒有確實存下「目標金額」。

在小乖第一年踏進職場時，因為還在摸索生活，年底結算時，發現湊不齊「一年存下10萬元」的目標，於是便將當年所有年終獎金、中秋節獎金全數投入，才湊齊「一年存下10萬元」的目標。

小乖後來常說，最困難的第一年自己都有辦法存下「一年存下10萬元」的目標，接下來的日子，他已經迫不及待想試試自己「一年究竟可以存下多少錢」為目標，看看自己存錢的內功有多深厚？

對小乖來說，存錢似乎慢慢變得不只是「想要一間房子」這麼簡單，它幾乎同時也變成小乖「成就感的來源之一」！而這就是為何小乖一談起存錢這檔事，總是會露出笑呵呵又全身充滿幹勁的最主要原因之一吧！

第六點：每月總和，可以讓我們每個月都興奮地發現到「自己又朝目標小小前進一小步」。千萬別小看這個數字，它可是會讓我們開始愛上存錢這個遊戲喔！

第七點：年度總收入，除了可以看「一年存下10萬元」的目標是否達成以外，還可以看看當年「外幣戶頭」存下多少錢。這可是我們「自制力」發揮到極致的實力展現喔！

小如大學唸書申請了就學貸款，工作幾年後，還差10萬元就能清償全部債務，她給自己訂下每月固定償還3,000元的目標。

存款秘書六號

還款日期	還款金額	尚未還清貸款
3/5	3,000	97,000
4/5	2,000	95,000
5/5	4,000	91,000
	讓小如清楚看見自己每個月的努力！	看著數字慢慢變少，肩頭上的擔子，也正在慢慢減輕喔

由「存款秘書六號」可知以下幾點：

第一點：小如貸款只剩91,000元。當小如每存一筆錢進去，就會很興奮地告訴自己「自己貸款的錢又變少囉」。

第二點：小如在4月時，曾經少還1,000元，所以立刻在5月時補回這1,000元。

當她把這筆錢補進去時，整個人可是充斥著滿滿的成就感喔，因為她知道「自己掌控金錢用度的自制力，是非常好的喔」。

第三點：藉由此表，可以清算出小如何時能償還全部貸款，給自己一個可以好好期待的日子。例如：好希望某年某月快點到來，自己到時候就會開開心心還完全部貸款了！

第四點：定期定額還款，「穩定中輕鬆還款」。

30歲的平面設計師Jason，最近打算開始進行投資實際練習，他預計兩年存下十萬元後進場試試身手。由「存款秘書七號」可知以下幾點：

存款秘書七號

存款日期	存款金額	目前總存款
4/10	5,000	15,000
5/10	4,000	19,000
6/10	6,000	25,000

第一點：Jason的投資基金進度雖沒有超前，但也沒有落後。

第二點：5/10少存進的1,000元基金，Jason立刻在6/10多存進1,000元，一切都在進度之中。

第三點：按表操課，每個月傻傻存下預存金額5,000元，不需要多花其他心思，兩年後，Jason就可以完成開始累積投資經驗的資金。

第四點：訂出目標，做好表格，接下來只要著做就可以囉，可以把時間跟精神花在其它目標的追求上！

例如：阿國希望自己每月能存下5,000元，一年存下6萬元，參加隔年在歐洲的一場全球設計大展。

存款秘書八號／六萬全球設計大展基金，以阿國為例

存款日期	存款金額	目前總存款	距離目標只差？
1/10	5,000	5,000	55,000
2/10	2,000	7,000	53,000
3/10	8,000	15,000	45,000

由「存款秘書八號」可知以下幾點：

第一點：這項目標的目前存款數字為25,000元。

第二點：阿國曾在2/10時短少3,000元，幸好有這個表格，讓他知道自己想要達成這個目標，下個月必須存下8,000元才行。

第三點：利用此表，阿國截長補短，將前三個月的存款數字，牢牢掌握在自己的掌控之下。

第四點：「確實掌握存款進度」，是目標即將實現的最重要關鍵！

表格書寫三大禁忌

禁忌一，分類項目太過細碎。

明明我們只是想記點帳，千萬別把自己搞得像營養師在計算營養成分似的，把「伙食費」大刀闊斧分成五穀類、蔬菜類、水果類、奶蛋豆魚肉類……

禁忌二，用電腦打資料。

記帳不要額外花時間，更別說還要特地為了記帳打開電腦。建議可以利用通勤時間，或是零碎無聊的時間將它輕鬆完成，把記帳表格放在隨身包包裡，在通勤時間裡，花個一、兩分鐘時間將它快速完成。

禁忌三，斤斤計較到十位數，甚至是個位數。

「記帳≠對帳」。我們記帳的目的，是為了掌握自己口袋裡、抽屜、枕頭下、錢包裡所有的錢，主要目的在掌控，而非對帳喔！例如：早餐買了，豆漿12元，燒餅油條37元，總共49元，我們可以寫上50元，抓個大概就可以。這麼做的目的：千萬別讓十位數字以下的小數字，傷了我們的自尊心，因為帳對不起來而喪失寫表格的信心，那樣就太划不來囉！

十位數以下的誤差，常會引發記帳新手的焦慮、精神緊繃，**但所有真正記帳高手們，只要誤差在百元、甚至是千元**

以下都能算是完美的記帳。千萬別在「三位數以下」的數字上，跟自己過不去喔。

我們應該把眼界放在高點，從今天起，就以百元為記帳時的單位吧！如果稍有出入也沒關係，因為平常細瑣的小花費實在太多了，我們不是銀行，結算時一定要數目精準。

我們記帳的目的，只是為了要了解「自己到底把錢花去那兒了」，和「有沒有把不該花的錢守住」，千萬別在對帳時太過為難自己喔！

許多能夠存下大錢的朋友，他們大多不知道錢包裡的「零錢」究竟有多少，只會抓個大約有「幾千幾百塊」，很少去細算零錢，但他們卻非常清楚，自己手中每個銀行裡所有存款的總和！

記帳的目的不是為了要考倒我們，而是幫助我們在一團混亂的金錢往來中，能夠輕輕鬆鬆理出一個頭緒。

5. 存錢高手必寫 四大金桶表格

「為什麼我總是存不了錢？」輕鬆學會「四大金桶表格」，徹底擺脫再對自己說這句喪氣話的所有可能性！為什麼會存不了錢？尤其明明賺得和別人差不了多少，朋友們總是可以存下一點小積蓄，偏偏我就是存不下來？

無法存錢有幾下幾種狀況：

第一種：對錢沒有想法。

這種恐怖等級，大概就像我們對一個工作上的案子沒有想法一樣，**重點不在於「我們要不要做」，而是根本「不知道要從何下手」**？

屬於這一種的人請不用擔心，等看完這本書，再按照上頭的方法試試看，一定會有所收穫的喔！

第二種：無法清楚掌控自己目前的金錢狀況。

請放大膽善用以下「四大金桶表格」，只要把幾個拿出筆，稍微回憶一下每個月帳單上的數字，然後提筆一揮，把這些固定每個月都會來吸取我們辛苦所賺來的薪水的「應付款項」，毫不猶豫通通填進表格裡！

再根據底下簡易分析的小撇步，不用花上多少時間，每個人都能夠輕輕鬆鬆掌握自己的財務支出狀況、收入狀況。

接下來，再根據令我們不可思議的開銷，一一發揮我們的小聰明，大刀闊斧砍掉不必要的支出！好讓我們的荷包滿、滿、滿！

掌握，是發揮的第一步

為什麼存錢高手，必寫以下這「四大金桶表格」？答案：為了輕鬆弄清楚自己手邊所有現況。

為什麼要掌握自己手邊所有現況？答案：**因為「確實掌握」，是發揮的第一步！**

現在，就讓我們快點進入「四大金桶表格」，好讓銀行存款數字直直往上衝吧！

以下「 」是Jennifer的每月生活中的「固定支出」，所謂的固定支出，就是每個月固定都會來帳單，上頭都會寫上一個「應繳金額」的數字，或者是一定非要不可的固定支出：

存款秘書一號：Jennifer的固定支出

固定支出	每月支出	後來支出	當月現省	一年省下	五年省下	十年省下
房租	10,000元					
租屋大樓管理費	1,385元					
水費	500元（2個月）					
電費	1,500元（2個月）					
手機費	1,300元					
室內電話費與有線電視費	124元 （室內電話費）					
	89元 平台服務費 (綁約一年)					
網路費	1,100元					
保險費	40,000元（一年）					
瓦斯費	800元(3個月)					
交通費	捷運來回 96元(一天) 1,920元(一個月)					

簡化「上述」表格：

固定支出	每月支出
1.房租	10,000
2租屋大樓管理費	1,385
3水費	250
4電費	750
5手機費	1,300
6室內通訊	213
7網路費	1,100
8保險費	3,334
9瓦斯費	266.66
10交通費	1,920
每月固定支出總和	20,519

Jennifer，單在固定支出裡，每個月就要花掉20,519元。其中房租最可怕，佔固定支出總額的49%，幾乎是固定支出的一半！另外，租屋大樓管理費佔7%，手機費6%，網路6%，保險費16%，交通費9%。

如果以年薪40萬元左右的Jennifer來說，薪水在固定支出這一塊已經花掉一半以上的薪資，更別說還有流動支出、存款！難怪Jennifer前幾年常笑說自己是「月光族」，以這樣的花費看來，年薪40萬元左右薪資，似乎還真是不敷使用啊。

存款秘書二號

流動支出	每月支出	後來支出	當月現省	一年省下	五年省下	十年省下
早餐						
午餐						
晚餐						
聚會大餐						
娛樂費(唱歌)						
治裝、鞋費						
保養品費用						
雜用(沐浴用品)						
飲料費						
零用金						

緊接下來，我們一起來看看Jennifer的流動支出。以下「存款秘書二號」是Jennifer的每月生活中的流動支出：Jennifer花了十分鐘填寫完表格後，情況如下：

流動支出	每天支出	每月支出
早餐	60	1,800
午餐	150	4,500
晚餐	150	4,500
聚會大餐	700＊4次	2,800
娛樂費(唱歌)	1,000＊4次	4,000
治裝、鞋費	3,000	3,000
保養品費用	1,000	1,000
雜用(沐浴用品)	500	500
飲料費	75＊上班天數20天	1,500
零用金	500	500
每月固定支出總和		24,100

不曉得大家是否發現了Jennifer為何成為月光族的原因了嗎？

光是「固定支出」20,519元與「流動支出」21,100元，已經超過年薪40萬元左右所能負擔的支出了。生活開銷打平已經有點吃力，更別論存款，或者是有餘額存下房子頭期款！

由上表格，我們可以知道每月超過3,000元的支出有：午餐、晚餐、置裝費、娛樂費。

Jennifer似乎在飲食與衣服購買方面花費較多，不過，如果將娛樂費和聚餐費相加起來大約是6,800元，也是一筆非常可觀的費用吶。

難怪Jennifer看到這個表格時，忍不住驚呼：「我不知道原來自己三餐都吃外面，居然花掉這麼多錢？扣掉大餐不看，居然也要花掉7,800銀兩！」「還有每個月不過去唱歌四次，竟然就要這麼貴！」

後來經過詳細詢問後才知道，原來Jennifer和朋友唱歌時，還會另外點酒跟食物進來吃，才會費用暴漲，另外聚餐時，也會在餐後喝點小酒，大多時候其實一餐費用是超過700元的。

最後，因為玩得太晚了，如果沒有朋友送自己回家，還得從零用金裡，多花上一筆計程車費用。所有支出，一環扣著一環，讓原本的支出，衍生出更多吸取我們錢包鈔票的花費，讓費用最終變得實在相當可觀吶！

現在，我們再來看看Jennifer的收入狀況：

由前三個表格可知，在「支出」與「薪水加獎金」幾乎

存款秘書三號：Jennifer的收入狀況

收入	固定收入	資本獲利	總和
一月	30,000	0 (因為沒有餘額可以運用，故無法做投資。)	30,000
二月	30,000	0	60,000
三月	30,000	0	90,000
四月			
五月			
六月			
七月			
八月			
九月			
十月			
十一月			
十二月			
年度總收入	預估年收入40萬左右 (已加入獎金)		預估總和收入40萬左右

打平、甚至是根本不夠的狀況下，Jennifer根本不可能存到錢。**因為無法存下錢，自然無法有「資本獲利」！**

Jennifer一直好想到京都旅行，因為無法存下錢，這個願望寫在記事本上已經好幾年，依然遲遲無法達成。

支出與收入，看起來雖然只是簡單幾個數字，卻可以用「實際層面」來解讀為什麼有些願望就是一直延宕，遲遲無法被實現的原因。

只需要以上幾個簡單的數字，我們不一定要畫出圓餅圖，只需看看表格中，哪幾項數字特別大，就可以知道自己開銷主要流向何方？

緊接著，Jennifer決定拿出大刀，以盡量原本生活品質的前提下，大砍支出，並想方設法增加收入。

於是，Jennifer展開「搶救存款大作戰」的第一步，便是填寫下列表格，好用力砍掉根本不需要的支出！

存款秘書五號：Jennifer的搶救存款大作戰

日期	品名	花費	該星期預算剩餘
4/5	早餐	55	945
4/5	午餐	85	860
4/5	晚餐	110	750
4/5	車費	96	654
4/5	咖啡	45	609

就讓超極簡單的「表格」與「數字」，成為我們存款直直往上爬的重要武器吧！

我希望可以存很多錢！
3萬
2萬
1萬
0元
STAR
第一個月
第二個月
第三個月
存錢也不知道為了什麼
還是先享受再說吧！
失落…
存款怎麼只有
這麼一點點？
三個月後我想買筆記型電腦
所以要存30,000元！
不行！
為了電腦
我要忍耐!!!
YA
達成目標！
3萬
2萬
1萬
0元
STAR
第一個月
第二個月
第三個月

6.不管收入多寡，維持數字一樣的支出金額

Ella月薪2萬5，工作不到10年，銀行存款卻有好幾十萬。先讓我們暫時放下需要展開「搶救存款大作戰」的Jennifer，先來看個成功輕輕鬆鬆存下錢的「超激」案例！

月薪2萬5的Ella，大方公開她的超強存錢祕技。

步驟非常簡單，Ella每月10號領薪水，領薪當天她會一次提領出當月所需費用，然後放進數個紅包內裡。

這就是她當月的生活費，一次提領完畢，其餘的錢就放在銀行裡，接下來只需要在固定時間轉成定存，或者另外挪為外幣定存之用，其餘時候她不會再去動用到銀行裡的錢。

Ella稱這個方法為：「超簡單終極固定支出法」！順帶一提，Ella每月一次的提款，會特別注意是否能「免費提款」，不會讓提款機賺走其他費用喔。

喜氣洋洋紅包袋存錢法

Ella慣用的方法是將紅包袋分成以下個：

第一個紅包袋：所有固定支出，通常會記帳單過來的所有開銷。

第二個紅包袋：一個月的**飲食費用**，約莫3,000元。

第三個紅包袋：一個月的**娛樂費用**，約莫1,000元。

第四個紅包袋：一個月的**治裝費用**，約莫1,000元。

第五個紅包袋：一個月的其它**雜支費用**，約莫500元。

光是流動支出部分，5,500元就比Jennifer的21,100元，硬生生少掉將近一萬五左右的開銷。接下來，每個月初Ella會開始從每個紅包袋裡，拿出平均每個星期可以用的費用，放進隨身皮包裡。

例如：每個星期一，Ella就會從「飲食紅包袋」裡，拿出700元，放進平常取用的錢包裡。到了能夠開心玩耍的周末，會將當週剩餘的費用，加上娛樂費用，和朋友一起去唱個歌或是吃個物美價廉的餐廳。

當Jennifer邊點食物、喝酒、唱歌，一次花費要耗掉1,000元時，Ella跟朋友們的方法是，先high歌3～4小時，挑便宜的時段唱歌，一人往往只需要300元左右，常常還有不少食物可以吃。

通常Ella早上和朋友一起去唱歌（早上時段唱歌時間通常較為便宜），中午就在包廂裡吃吃喝喝餵飽自己。當她高歌N曲回家時，往往還能頂著一顆吃飽飽的肚子，順便省下當天餐費，打平飲食費與當日餐費的開銷。

最棒的是，Ella巧妙運用優惠時段，不但和朋友開開心心唱了歌、吃進一堆美食，居然還可以把帳單控制在自己的預算之內！

常常有人問Ella：「難道妳真的都沒有超支過，又跑去找提款機再領一次錢的經驗嗎？」 Ella的回答是：「從來沒有。」

於是有人又問：「如果當月哪些超支怎麼辦？像是突然聚會太多，同個月份生日的朋友太多，娛樂費用爆增時該怎麼辦？」Ella聳聳肩，輕鬆地笑了笑回答，彷彿這個問題對她來說，根本就不是什麼大問題。

她說：「朋友生日不是自己可以控制的因素，如果娛樂費用真的突然爆增，我就會縮減或乾脆刪除當月的治裝費，全部挪為娛樂費用。等到下個月，朋友生日少了，或是聚會較少的月份，再把娛樂費用挪回治裝費。」

能夠徹底實施本方法的不二法門就是：靈活的「截長補短」！

常有人很愛問Ella：「一天餐費預算只有100元，這樣夠嗎？」Ella露出充滿自信的表情回答：「我不只可以控制在100元內，還另外賺到了健康喔！」搶先預告Ella餐費省錢祕招：早餐自己做、不買飲料、午餐帶便當、晚餐喝紅豆湯或綠豆湯！完全掌握便宜、健康，還可以控制體重的飲食三大指標吶。

我是荷包公主！
經過層層守衛的捍衛
金錢才能到我這裡！
來者何人？
報上名來！
一週
報告大人
上繳這星期
的伙食費！
$700
我們是哥倆好
常常互通有無。
我是最後
一道防線！
沒我的事！
伙食
娛樂
治裝
雜支
固定支出

7.利用 多個戶頭分類

Ella喜歡用「喜氣洋洋紅包袋存錢法」，好讓自己在不知不覺中，搖頭晃腦便輕易存下大錢。

「喜氣洋洋紅包袋存錢法」的優點是：完全不用管怎麼存錢，因為基本上老闆一發薪水，**除了提領出來的金錢以外，其餘通通是存款！**

Ella徹底執行這項超狠妙招，唯一要花心思的只有——「如何在一個月之內，巧妙平衡每個紅包袋內的錢錢，讓當月花費剛好花光光。」**這種「剛好花光光」的感覺，是非常幸福的喔！**

因為Ella當月已經存下一筆存款，需要平衡當月所有開銷的所耗費的精力，其實真的不大，**感覺就像做好份內的事情之後，也連帶同時把事情完全做對的感覺一樣棒。**

相較於Ella的方法，佳佳的方法雖與她不同，但其實頗有異曲同工之妙喔，現在，就讓我們一起來看看佳佳「銀行就是我的存錢筒」的存錢法吧。

銀行就是我的存錢筒

佳佳每個月領薪水時，都要「走衝」一下郵局跟銀行，來好好分配自己辛辛苦苦工作一個月的寶貝銀兩們。

首先，佳佳會先把錢分成兩部分：一部分存進居家或公司附近的銀行。處理方式為活存，代表可以隨時提用的金錢。

另一部分，則會故意存入比較不方便提領的銀行或郵局裡，而且絕對不辦理金融卡或信用卡，目的在於約束自己，絕對不可以心生歹念，想要把它領出來花用！

佳佳這個方法的精髓在於：**利用銀行，來幫自己達到存錢的功用**。除此之外，佳佳還有一個**避免自己亂花前的法寶：不辦任何信用卡，只辦VISA金融卡**。

VISA金融卡跟一般信用卡一樣的地方是──卡在手，等同現金。不同的地方，在於它只能刷帳戶裡頭的金額，不能超刷，所以也就沒有不小心刷到存款爆掉後的還款壓力。完全符合佳佳口中：「看照荷包最後底線的小天使。」

此卡優於信用卡的便利性為：

第一點，不用經過審查，就可以輕鬆當場辦理。

第二點，存款帳戶裡頭有多少錢，就可以刷多少錢，不像一般信用卡有幾萬塊上下的額度。

換句話說，如果帳戶裡有10萬元，也可以一次開刷10萬元，完全沒有上限的限制。

對於不喜歡帶現金在身上、不喜歡分期付款、不喜歡在不知不覺中默默欠下卡費的佳佳來說，VISA金融卡絕對是她長期的最愛選擇。

除了以上，佳佳還有一定要跟大家分享的「花錢思考點」：
這筆開銷到底是「花費」還是「浪費」？
例如：一般火鍋店的鍋物VS.高級地段的鍋物當作午餐，前者是「花費」，後者則是「浪費」。價錢常常可以相差300元以上。

8. 支出以星期為單位，存款以月分為單位

「支出以星期為單位，存款以月分為單位」的最高宗旨就是：**存錢時，要大筆、大筆地給它通通存進去！至於花錢時，則要層層把關，小額、小額地花用**。

為了不要在「層層把關」中，花費我們太多時間與精力，所以Ella的「喜氣洋洋紅包袋存錢法」與佳佳的「銀行就是我的存錢筒」，之所以被她們如此地愛用著，原因就在於：只要一開始把「遊戲規則設計好」，穩穩定調，接下來幾乎不用再耗費大腦，只要傻傻地存，存款數字就能蒸蒸日上囉！

存款數字蒸蒸日上必勝八大階段

第一階段：先通盤了解自己目前身邊所有金錢狀況。包括收入、目前存款、是否有貸款尚未繳清、固定支出、流動支出、有無定存。這部分可以使用本書建議的幾個大表格輕鬆填寫後，便能掌握屬於自己的全部金錢資訊。

第二階段：從以上幾個表格中，慢慢了解自己金錢的流入與開銷狀況，審視自己用錢方面是否有無可以再節省，或更加靈活運用的地方？這部分將會在PART2與PART3中，與大家一起分享經過許多人統合後，輕鬆省下不少開銷的妙方法喔！

第三階段：針對浪費的開銷，大刀闊斧砍掉不必要的花費，讓這些前通通流進我們的荷包裡。

例如：早餐：飲料加三明治，總共要60銀兩？這是一定要花的費用嗎？難道真的沒有我們可以賣弄小聰明的方法，讓早餐費用降下來？

家裡的網路每個月要上千銀兩，可是自己每天工作到很晚才回家，偶爾還要出差，一個禮拜平均上網常常不超過1小時，再說，還有手機可以上網，這樣的網路費用，是否應該一直付費下去呢？

第四階段：擬定自己能夠執行的支出與收入計劃表。一開始的時候記得不要訂得太過嚴苛，這樣計劃才能夠長長久久持續下去喔。

第五階段：努力執行計劃表上的每一個小撇步。記得喔，先從自己有興趣的方法做起。

第六階段：每個月省下的錢，可以記在筆記本上，當成自己當月挑戰成功的小小成績喔！

千萬別小看這個步驟，一定要在「固定的時間」，看看「一個簡單的數字」自己當月省下的錢，這會成為我們繼續下去的最佳原動力。

第七階段：每一年結算自己今年省下多少錢。

如果想要讓事情更具體一點，可以把數字想像成「天啊，我只是一年不喝飲料，居然可以存下一台最新款的智慧型手機，還順便減掉兩公斤」！？

第八階段：讓存錢成為我們生活中，一個利多的小遊戲吧！在不知不覺中存下錢的同時，還累積許許多多的小小成就感。

A.許多「固定費用」每個月都要繳費，我們卻常常粗心忘了去看看自己是否真的需要？尤其是許多費用都有「綁約」限制，為什麼會有綁約限制，這其中牽扯了多少事情，大家是否好好思考過了呢？

B.如果沒有，沒關係，接下來我們可以看看先前「月光族」Jennifer是怎麼輕輕鬆鬆擺脫月光族，成為小有存款的小富婆吧！

目標實現四大必勝步驟！

好希望有一間自己的房子
可以佈置成自己喜歡的樣子
還可以在小花園裡喝下午茶！

1

新年希望：有一間自己的房子！

老天爺啊～
讓我美夢成真吧！

2

3

計算自己能力所及的計劃！

4

就像爬山一樣，只要努力不懈，
終有到山頂的一天！

Part 2

省下「固定支出」存下人生第一桶金！

1. 只是**換個**房子，居然能省下**三十六萬？！**
2. **健保**或**國保**透過申請，也可以**輕鬆省下**一個月薪水！
3. 人工瀑布的飛泉聲好好聽，只是越 聽越像**錢幣碰撞聲**
4. 小小動作**省下**的**錢多多**
5. **手機費**，不再只是**單純**的**通話費！**
6. 只是**打通電話，**居然也能從此**每月都悠哉省到錢！**
7. 請**大膽揮刀砍斷**插在荷包上的「**鮮少使用**」的吸血帳單
8. 這張「**固定支出**」還沒看完，
   Jennifer已等著**十年後坐擁80萬存款**
9. 動動腦**省下**瓦斯費
10. **一個**小習慣，**存下**一趟歐洲之旅？
11. **月光族**輕輕鬆鬆**存下**一桶**金**

1. 只是換個房子，居然能省下三十六萬?!

先讓我們來回憶一下Jennifer的「固定支出」表！。

現在，我們先來看看佔Jennifer固定支出中，比例佔據最多49％的房租費用。10,000元的房租費用，佔固定總支出的49％，因為一直沒有辦法存到頭期款，Jennifer一直遲遲無法買房。

Jennifer想在這一塊省下錢，只能積極尋找比較便宜的房租，或是想辦法降低房租費用。經過一陣子找房的努力，Jennifer發現有兩個方法，可以降低自己房租費用。

方案一：和朋友合租一間一萬兩千元的房子，平均一人只要六千元，每月立刻省下四千元整。

存款秘書一號

固定支出	每月支出	後來支出	當月現省	一年省下	五年省下	十年省下
房租	10,000元					
租屋大樓管理費	1,385元					
水費	500元(2個月)					
電費	1,500元(2個月)					
手機費	1,300元					
室內電話費與有線電視費	124元（室內電話費）89元平台服務費(綁約一年)					
網路費	1,100元					
保險費	40,000元(一年)					
瓦斯費	800元(3個月)					
交通費	捷運來回 96元(一天) 1,920元(一個月)					

方案二：找一間不需要大樓管理費的房子，可以節省每個月一千多元的大樓管理費費用。

方案三：選擇距離捷運站兩條街外的房子，房租費用可以立刻降為七千元整，唯一缺點是必須多走一點路。

下了班，其實只是把房子當成旅館回來洗澡跟睡覺的Jennifer，經過一番思考後，因為「喜歡獨居」和想利用「走路當作運動」兩個理由，選擇方案二與方案三。

請看，光是房租部分，一年可省下三萬六千元，五年可省下四萬三千兩百元，十年則可省下三十六萬！對一個上班族來說，十年時間，往往似乎只是一眨眼的工夫。**光是一個房租，只需稍微用點心，短時間看不出驚人效果，一旦拉長時間來看，居然可以「省下三十六萬」的驚人數字！**

再加上省下的大樓管理費用，一年居然也可以省下16,620元，幾乎已經是半個月的薪水了！

自從Jennifer換了住所，一個月房租連同管理費，竟可以省下4,385元！把這些錢拿去支付一個月的水、電、瓦斯……林林總總一堆帳單，都錯錯有餘。

存款秘書一號：Jennifer換房後，固定支出變少了

固定支出	每月支出	後來支出	當月現省	一年省下	五年省下	十年省下
房租	10,000元	7,000	3,000	36,000	180,000	360,000
租屋大樓管理費	1,385元	0	1,385	16,620	83,100	166,200
水費	500元（2個月）					
電費	1,500元（2個月）					
手機費	1,300元					
室內電話費與有線電視費	124元（室內電話費）89元平台服務費（綁約一年）					
網路費	1,100元					
保險費	40,000元（一年）					
瓦斯費	800元（3個月）					
交通費	捷運來回 96元(一天) 1,920元(一個月)					

每個月房租跟管理費省下4,385元，一年就可以省下**52,620元，等於自己給自己1~2個月的年終獎金一樣，**是非常滋補的一筆錢吶！

最恐怖的是，Jennifer只是搬了一次家，就算從此原地不動，不再尋找更物美價廉的租屋，**十年居然已經可以省下526,200元，整整有52萬多塊（半桶金）！**平常我們必須花多少時間，忍住多少次誘惑，才可以存到這珍貴的52萬多塊？

Jennifer不過是換了個住所，只要等時間慢慢過去，也無需再額外花精神與時間，就可以省下這麼多錢，通通流進存款裡，慢慢累積自己的財庫……

能量撲滿

A.「定期」付出「一定款項」出去，因為時間長了，往往會讓我們忽視這份費用，是否有必要一直維持現狀支付下去？

B.搬家雖然有些麻煩，但還是強烈建議可以在居住地附近多加留意，一旦發現比較便宜的房租，千萬不要輕易放過可以將白花花銀子省下來的機會喔！

花園－NO!
瀑布－NO!
把不必要的花費
裝進荷包裡！
將虛無的華麗外表化為實質鈔票
做一個精打細算的聰明女孩！

2. 健保或國保透過申請，也可以輕鬆省下一個月薪水！

Jennifer是上班族，跟大多數人一樣，勞健保與國保依照公司規定辦理，無法自己左右。

不過，健保與國保其實也有省下來的相關辦法喔。大家都知道嗎？現在政府規定只要年滿25歲便需要繳交國保，但有些小細節，為了自己荷包著想，不可不知道吶！

小花已經26歲，剛從一份工作離職，在正式找到工作之前，每月會收到健保659元、國保726元的繳款單。（2012年9月實際現況）

因為小花已經畢業超過一年，如果剛畢業，一年之內，可以依附在雙親中其中一人公司中，支付健保。以最低薪資計算，健保費用將可從659元，降到265元左右，在剛畢業正需要用錢的時候，一個月能因此省下394元，一年等於省下4,728元。對於一個剛畢業的人來說，4,728元說不定已經是一個月全部的伙食費了，可是一筆不小的費用喔！

國保部分，一般被保險人每月需付726元，但如果家裡收入較低者，建議可以向戶籍所在地的公所提出申請，如達「所得未達最低生活費2倍」標準，則每月國保需繳544元；如達「所得未達最低生活費1.5倍」，則每月國保需繳363元。

申請過後，如果符合「所得未達最低生活費2倍」的人，每月國保繳上544元，每月可省182元，一年可省2,184元，十年可省21,840元，足足有兩萬多塊，是不少人一個月的薪水喔！

申請過後，如果符合「所得未達最低生活費1.5倍」的人，每月國保繳上363元，每月可省363元，一年可省4,356元，十年可省43,560元，足足有四萬多塊啊！這已經超過很多人一個月薪水的數字吶。

而國保的補助申請，只需花一次功夫申請，以後政府每年自己會重新審核這些原本符合的名單，是否繼續在補助的標準之內，完全不需要再做重複申請的動作。

只花一次功夫申請，時間大約半個工作天，就能一年省下4,356元，十年可省43,560元！

這是每個月都會來的繳款帳單，一個月七百多塊的固定支出，千萬別忘了抽點時間，到公所辦理，看看自己是否符合資格喔。

A.在乎金錢，往往也代表在乎時間與健康，如何在「金錢、時間、健康」尋求平衡，是我們一生最重要的功課之一。

B.設定目標後，擁有「非實現不可」想法的人，往往可以如願所得。

3. 人工瀑布的飛泉聲好好聽，只是越聽越像錢幣碰撞聲

搬了一次家的Jennifer，從沒想過自己從社區大樓搬進和藹可親的公寓後，省下「固定支出」，不只包括每個月3,000元的房租和1,385元的管理費，居然還包括水費，甚至是電費！

搬入公寓新家頭幾個月，Jennifer立刻察覺到，水費怎麼突然減少了一大半？

原本每次收到水費帳單，上頭的數字大約都在500元左右（兩個月水費約莫500元），平均一個月大約是250元的水費，如今帳單上的數字居然變成不到200元？

一張水費帳單上的數字，不到200元，代表一個月的水費居然在100元左右？Jennifer百思不得其解，自己完全按照平常的方是用水，為何水費會突然降下這麼多？

漸漸的，她開始回憶起以前自己每晚回家，經過社區大樓中庭的廣場時，那閃耀著漂亮燈光人工瀑布的飛泉聲好好聽，只是越聽越像錢幣碰撞發出的清脆響音……

直到這時候她才猛然驚覺到，自己以前住在社區大樓內時，中庭廣場上的植物要澆水，瀑布整天跳躍出可愛的音符，這些都是靠錢一點一滴堆積出來的。

對於像她這樣，朝九晚九的上班族而言，瀑布的美妙只有在匆匆經過時，享受那幾秒鐘，花圃有多美，老實說她實在很難有時間停下來駐足觀賞，而錢就這樣大把大把流出去……

於是，無心插柳柳成蔭的Jennifer，每個月省下150元水費，一年可省1,800元，五年可省9,000元，十年可省18,000元。

她什麼事也沒做，只是搬了一次家，水費十年總共可以省下一萬八千多塊吶！

存款秘書一號

固定支出	每月支出	後來支出	當月現省	一年省下	五年省下	十年省下
房租	10,000元	7,000	3,000	36,000	180,000	360,000
租屋大樓管理費	1,385元	0	1,385	16,620	83,100	166,200
水費	500元 (2個月)	100 (1個月)	150	1,800	9,000	18,000
電費	1,500元 (2個月)					
手機費	1,300元					
室內電話費與有線電視費	124元 (室內電話費) 89元 平台服務費 (綁約一年)					
網路費	1,100元					
保險費	40,000元 (一年)					
瓦斯費	800元 (3個月)					
交通費	捷運來回 96元(一天) 1,920元(一個月)					

能量撲滿

A. 水費省錢小秘方1：洗衣服的水，可以拿來拖地，盡量讓水運用過兩次後再丟掉，是家庭主婦的省水大原則喔。

B. 水費省錢小秘方2：洗米水，可以拿來洗碗，其潔淨程度甚至比用清水洗效果還要更好！

C. 水費省錢小秘方3：拖地的水，可以拿來沖洗家裡的浴室或是比較髒的小角落。

4.小小動作 省下的錢多多

電費是雙月送來一張帳單的固定支出，Jennifer每月電費支出約為750元，自從Jennifer決定節省這部分開銷後，執行了一連串聰明的省電方法，讓電費真的降下來了，而且還遠比她原本想像的省下更多！

省電聰明方法如下：

第一條省電小撇步：衣服這樣燙，可以更省電喔。

因為工作關係，Jennifer有燙衣服的習慣，常花了不少時間來燙衣服，使其變得更加筆挺，電費自然也消耗不少。

Jennifer聽朋友說了一個燙衣的省電方法，在燙衣板鋪上一層錫箔紙，往往一面燙平時，另一面也能跟著平整，是個省電的好方法。使用此方法燙衣，不只省電，還省下原本一半的時間。

第二條省電小撇步：冰箱的出風口，千萬別堵住囉！

這個方法不需要額外花時間來做，只需要在把東西放進冰箱時，多留心一點，不要讓東西擋住後頭的出風口，就可以輕輕鬆鬆省下不少電。

所以，下次把食物放進冰箱時，請注意不要把高的東西放在冰箱最裡面，那可以是堵住出風口，造成冰箱必須不斷運作的耗電兇手喔。另外，建議可以幫冰箱的每一層，弄個透明塑膠小屏障，感覺有點像是夏天到某些路邊攤吃飯時，店家為了保留住冷氣所用的那個方法，也非常適合搬到家裡的冰箱來用喔！

第三條省電小撇步：千萬別把熱騰騰的食物，整個兒放進冰箱！

冰箱是家中一天24小時全年無休運轉的耗電家電，它的運作原則是，一旦冰箱內部溫度升高，馬達便會「轟隆隆、轟隆隆」運轉的不停，聽聽那聲音就能知道那有多耗電。所以下次使用冰箱時，請記的別把熱乎乎的東西往裡投放，建議可以先在外頭放涼了，再置入冰箱會比較省電喔。

第四條省電小撇步：冷氣開小小。

除了冰箱，冷氣也是家中非常耗電的家電，怎麼讓冷氣有效運轉與利用，是十分重要的。如果家裡有抽風機，建議可以先將室內的熱空氣轉出後，再開冷氣，可以收到事半功倍之效。

第五條省電小撇步：電風扇開大大。

冷氣耗電，就算開冷氣也盡量不要轉到太大風速，不過，可以利用轉大電風扇的風速，達到省電與涼爽效果喔！

第六條省電小撇步：晚上睡覺前，請拔掉所有插頭。

別小看這個小動作，長時間下來，它可以省下的電費也是相當驚人的。

Jennifer剛開始執行這項動作時，的確需要額外花約10秒鐘左右時間處理，不過，經過一星期後，睡前沒有做這個動作，她有時候還會覺得渾身不對勁呢！如果以時薪來計算行為應該得到的報償，這個動作每天只花10秒，卻可以省下不少錢喔。

重點是，幾乎一整天都待在公司裡的Jennifer，每天使用這些電器設備的時間，只有短短幾個小時，待電時間可以說都比使用時間還要來的長很多，拔掉插頭只是一個小動作，卻是環保又省電的關鍵動作！

而且自從Jennifer實施省電生活後，電費從原本每月平均750元，降低為每月平均400元，一個月省下350元，一年省下4,200元，五年省下21,000元，**十年省下42,000元，四萬二千塊的費用，已經可以讓自己再多出國去玩一趟了！**

後來，Jennifer仔細又想了一下，電費之所以能夠省很大，其中一部分原因，恐怕也源自自己從大樓搬進公寓這一項。

以前住在社區大樓時，還有另外的「公用電費」需要所有戶數分攤，公用電費內容包括：上上下下的電梯、走道連開24小時很少關的電燈、瀑布打水引擎、每個公用空間（像是健身房、警衛室、管理室）……等等，所有加總起來的電費。

搬一次家，不僅可以省下大筆房租費、管理費，連帶的水電費也都跟著一起省，這點可真是她原本所始料未及的。

存款秘書一號

固定支出	每月支出	後來支出	當月現省	一年省下	五年省下	十年省下
房租	10,000元	7,000	3,000	36,000	180,000	360,000
租屋大樓管理費	1,385元	0	1,385	16,620	83,100	166,200
水費	500元（2個月）	100	150	1,800	9,000	18,000
電費	1,500元（2個月）	400	350	4200	21,000	42,000
手機費	1,300元					
內電話費與線電視費	124元（室內電話費）89元平台服務費（綁約一年）					
網路費	1,100元					
保險費	40,000元（一年）					
瓦斯費	800元（3個月）					
交通費	捷運來回96元（一天）1,920元（一個月）					

5. 手機費，不再只是單純的通話費！

經過一番考量，Jennifer一直在應該砍掉手機費，還是網路費之間，一直顯得很猶豫。

這兩筆費用都要約莫上千塊，尤其是網路費用，更要高達1,100元，Jennifer知道有更便宜的網路費用，不過，自己一搬進該大樓房子時，就已經有現成的網路，之後就再也懶得去做修正，因此每個月也就順理成章似的乖乖繳上1,100元。

經過幾番考慮，在家時間不多的Jennifer，最後決定保留智慧型手機與無線上網，而砍掉上網費用。所以在這一部分，她並沒有揮刀斬斷每月要支付1,300元的支出。

不過，有另外一位朋友阿志，與她的情況正好相反。阿志在公司時，不太方便接聽個人手機電話，家人或朋友有事，多半會撥打他辦公室內電話，下班回家後，阿志喜歡上網玩線上遊戲，許多和朋友的互動都從網路上頭得到滿足。

相對而言，手機上網這件事對阿志來說，反而變得比較可有可無。因為考量到手機使用不多，自己從不打電話和朋友聊天，手機僅陷於臨時連絡方便而已，至於上網功能更是鮮少碰觸，不管是辦公室或家裡，都有一台供他專用的上網電腦可以使用。

於是，阿志便把每個月也將近1,300元的費用停掉，在所有條件許可的情況下，把手機通訊費用改成最省錢的——「每月66元」超省錢專案。

如此一來，阿志從原本的1,300元，**瘋狂降低成月租費66元，一個月立即省下1,234元，一年馬上省下14,808元，幾乎是大約半個月的薪水！**

最可怕的是，原本阿志以為通訊費用從原本的1,300元，調降為66元，應該會對生活造成影響，沒想到調降完之後，他才赫然發現自己平常使用手機上網的機會，其實真的不多。

太習慣用電腦直接和朋友連繫的阿志，經過計算後，驚訝地發現，只是刪去自己不常使用的服務，居然可以每年省下14,808元，五年省下74,040元，十年就可以省下148,080元！居然快要十五萬元！？

許多每個月一千塊左右的費用，每個月繳的時候，似乎感覺不到它的厲害，但一旦放長時間來看，便會被它驚人的龐大數字狠狠嚇了一大跳。

重點是，不管是Jennifer還是阿志，他們**都只挑自己「其實很少使用」的服務，揮刀砍掉該項「固定支出」，對自己的生活沒有造成太多不方便，反而還能因此省下一筆小錢吶！**

能量撲滿

現在到處都能夠上網，公司的電腦、自己家裡的電腦、隨身的智慧型手機通通都有上網功能，除了公司的電腦以外，其餘兩種都需要付出一定的上網費用。依照每個人不同的使用網路習慣，一定會有被「上網服務重複收取費用」的情況！像Jennifer跟阿志，就出現了完全不同的選擇。我們也可以思索一下，家裡電腦與智慧型手機的上網功能，對自己來說，是否都是非必要不可的「上網服務」嗎？或者，我們其實可以擇其一使用即可呢？

存款秘書一號

固定支出	每月支出	後來支出	當月現省	一年省下	五年省下	十年省下
房租	10,000元	7,000	3,000	36,000	180,000	360,000
屋大樓管理費	1,385元	0	1,385	16,620	83,100	166,200
水費	500元（2個月）	100	150	1,800	9,000	18,000
電費	1,500元（2個月）	400	350	4200	21,000	42,000
手機費	1,300元	1300	0	0	0	0
內電話費與線電視費	124元（室內電話費）89元平台服務費(綁約一年)					
網路費	1,100元					
保險費	40,000元（一年）					
瓦斯費	800元（3個月）					
交通費	捷運來回96元(一天)1,920元(一個月)					

金錢與時間一樣
都會一點一滴的流逝……

6. 只是打通電話，居然也能從此每月都悠哉省到錢！

Jennifer雖然很少待在自己的租屋裡，平常與朋友連絡也都用手機比較多，但她還是申裝了一般的電視收看平台服務，也就是電視數位化後的電視機上盒，也可以稱之為電視平台服務。

一個月支付89元（2012年9月實際狀況），不需額外支付機子的費用，可以看25個頻道，不過，有個缺點，需要綁約一年，也就是申裝一次，等於要支付1,068元。

另外，Jennifer還有一具室內電話，平常幾乎不使用這個電話，與朋友相約不是用手機連絡，就是社群網站上直接揪團，室內電話幾乎只接來自家人的電話比較多。一具只接不打的室內電話，每個月大約也要支付120元左右的費用。

面對每月總共約213元（收看電視平台服務費89元＋室內電話費124元）的費用，換做以前，Jennifer才懶得去料理這筆小費用，但自從搬了新家，手頭莫名開始多出好幾千塊餘額的Jennifer來說，對於**「如何花少少時間，省下滾滾金銀」**這件事，興起了一股驚人的狂熱！「把錢存下來」這件事，對她來說，已經變成一項有趣的生活活動。

這次，Jennifer想挑戰**一分鐘之內，使用一通電話，看看能夠為自己可愛的荷包省下多少錢？**

於是，她拿起幾乎很少使用的室內電話，撥出電話，當場問清楚電話費的各種方案。然後把自己原本的「市內電話基本型C月租費」，改成「市內電話基本型A1月租費」。所有效應，全都反應在帳單上！請見以下兩張帳單：

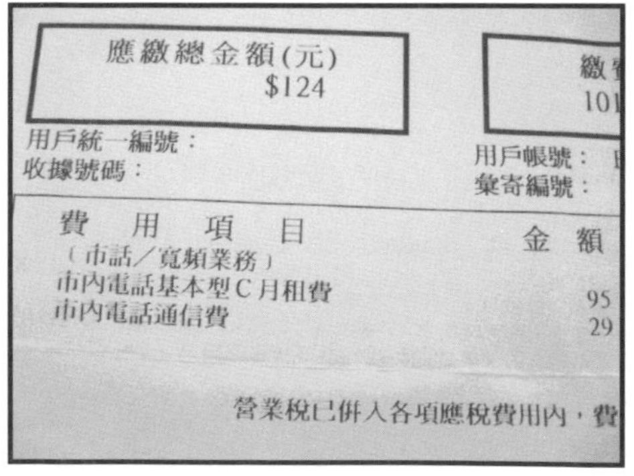
應繳總金額(元)
$124

用戶統一編號：
收據號碼：
用戶帳號：
彙寄編號：

費用項目	金額
（市話／寬頻業務）	
市內電話基本型C月租費	95
市內電話通信費	29

營業稅已併入各項應稅費用內，費

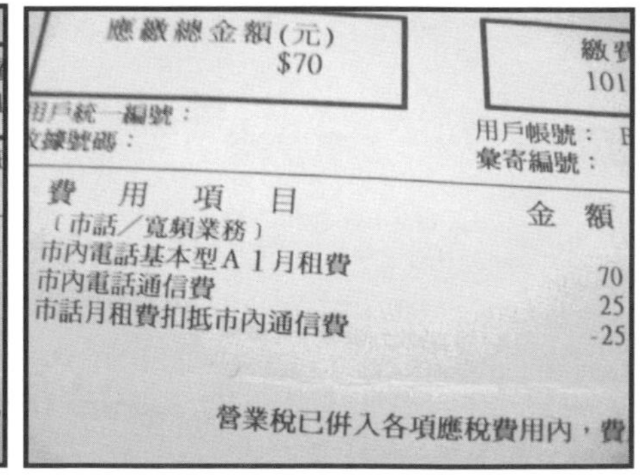
應繳總金額(元)
$70

用戶統一編號：
收據號碼：
用戶帳號：
彙寄編號：

費用項目	金額
（市話／寬頻業務）	
市內電話基本型A1月租費	70
市內電話通信費	25
市話月租費扣抵市內通信費	-25

營業稅已併入各項應稅費用內，費

一通電話，不到五分鐘時間，室內電話從原本約莫124元，降低成70元，中間直接省下54元！一個月省下54元，等於一年省下648元，這已經是一頓美味餐點的價位，十年就省下6,480元。

而Jennifer做了什麼，可以讓自己省下這筆小錢？從頭到尾，她只是在自己房間裡，在出去和朋友碰面前的閒暇時間，拿起話筒，打了一通電話，講不到五分鐘，就輕輕鬆鬆省下這筆錢。

重點是：儘管Jennifer改了月租費的基本型，但她照常使用室內電話，一點也感覺不出改了基本型，對使用上造成什麼影響？換句話說，**Jennifer電話照常使用，除了帳單金額變小之外，其餘一切全都沒變！**

另外，在這通電話裡，Jennifer還順便取消收看電視的平台服務。她的考量點是——家人習慣打室內電話找她，尤其是媽媽，所以室內電話不能退。

不過，每天下班後就累得只想睡覺的自己，幾乎很少碰電視，於是便決定把沒在使用的這筆費用退掉。

退掉平台服務費後，等於每個月減少89元的支出，一年直接省下1,068元，十年就是一萬多塊的支出！於是，在這個項目裡，213－70＝143，每月省下143元，一年直接省下1,716元，十年就是一萬七千多塊的支出！

或許有人會覺得每年省下一千七只是一筆小錢，但仔細想想，待在自己家裡，輕輕鬆鬆打了一通電話，就可以省下這筆錢，不是非常划算嗎？

而且**重點是：打了這通電話後，我們什麼事也不用做，這筆錢可是每個月都一直在省、省、省喔！**

A. 用點小聰明，選「對自己比較有利的月租費」，可以讓我們荷包鼓鼓！

B. 如果使用室內電話情況和Jennifer一樣的人，可以考慮看看Jennifer的方案，不過，還是建議讓電話服務人員，把各種方案和我們說過一次，再挑選真正適合自己的方案。如此一來，才能為自己真正省下可愛的白花花鈔票喔！

存款秘書一號

固定支出	每月支出	後來支出	當月現省	一年省下	五年省下	十年省下
房租	10,000元	7,000	3,000	36,000	180,000	360,000
租屋大樓管理費	1,385元	0	1,385	16,620	83,100	166,200
水費	500元（2個月）	100	150	1,800	9,000	18,000
電費	1,500元（2個月）	400	350	4200	21,000	42,000
手機費	1,300元	1300	0	0	0	0
室內電話費與有線電視費	124元（室內電話費）89元平台服務費（綁約一年）	70	143	1,716	8,580	17,160
網路費	1,100元					
保險費	40,000元（一年）					
瓦斯費	800元（3個月）					
交通費	捷運來回96元(一天) 1,920元(一個月)					

7.請大膽揮刀砍斷插在荷包上的「鮮少使用」的吸血帳單

Jennifer是個工作忙碌的上班族，平常在外頭「走跳」的時間很長，回到住所的時間很短，而且除了洗澡以外，就只剩下睡覺，幾乎不會在房間裡從事其他活動。

再加上因為Jennifer沒有玩線上遊戲的喜好，就算休假，也喜歡出去和朋友一起聚餐聊天，而不是窩在家裡。

這樣的生活習慣，讓Jennifer在決定要砍掉昂貴的手機費用1,300元，還是房裡很少使用的網路費用1,100元時，毫不猶豫地選擇砍掉網路費用的1,100元。讓Jennifer做出這個決定的考量點是：

第一點：自己不迷線上遊戲，在家使用網路時間非常之少，就算偶爾閒賦在家，她也比較偏向看書本形式的小說、各類書籍與雜誌，上網對她來說，只是偶爾收發個人信件而已，作用比較不大。

第二點：朋友相約，通常都以APP、簡訊，或者乾脆直接打電話相約，很少需要打開電腦，連上網路，才能連絡上朋友。

第三點：就算非得要使用電腦網路不可，她也會利用在公司的休息時間時，飛快處理完這部分的工作，回到家後，能不開電腦，就盡量不開。

第四點：根據她「使用電腦網路的時間」與「付出的費用」之間，形成一種不平衡的關係，於是，Jennifer最後決定退掉家中電腦網路。

Jennifer退掉家中電腦網路後，只在頭先一個月，覺得好像上網查東西時，會有點限制。但經過一個月後，Jennifer發現自己很快養成利用工作閒暇之餘，迅速處理掉類似上網查資訊的動作。

如此一來，她不僅為自己**省下一筆「原本每個月都要流出去的一千多塊費用」，還賺到「善用在公司的閒餘時間」、「在家時間好像變多了」、「可以有更多時間靜下心來看書」，對她來說，簡直一舉數得！**

只要我們稍微留心一下，會發現許多原本必須額外再去做、去處理、去支付的時間、金錢、精力，其實都可以順便

「黏在」某些事後頭去完成，例如：善用在公司閒暇時上上網，迅速處理掉生活雜務。

別小看這些「默默存下來的時間、金錢、精力」，它們可都是我們可以跑在別人前面的小小法寶喔！最後，讓我們一起來看看Jennifer這個決定，為自己省下多少錢？

當月現省1,100元，一年省下一萬三千多塊（這可是許多人半個月左右的薪水喔），五年省下六萬六千塊，十年省下十三萬多！？

從一開始的房租、租屋大樓管理費……一路悠哉進行到這裡，悄悄加總下來，居然已經能夠在十年時，省下將近70萬左右的錢錢！這還真不是一筆小數目啊！

而且有些費用的刪除或縮減，往往只要一通電話，或是一個舉動就可以簡單搞定。

重點是——我們「固定支出」的LIST還沒處理完，就已經有這樣恐怖的效果，別忘了還有在下冊將會一次大剖析的流動支出，也可以幫我們大把、大把存下錢來喔。

存款秘書一號

固定支出	每月支出	後來支出	當月現省	一年省下	五年省下	十年省下
房租	10,000元	7,000	3,000	36,000	180,000	360,000
租屋大樓管理費	1,385元	0	1,385	16,620	83,100	166,200
水費	500元（2個月）	100	150	1,800	9,000	18,000
電費	1,500元（2個月）	400	350	4200	21,000	42,000
手機費	1,300元	1300	0	0	0	0
室內電話費與有線電視費	124元（室內電話費）89元 平台服務費(綁約一年)	70	143	1,716	8,580	17,160
網路費	1,100	0	1,100	13,200	66,000	132,000
保險費	40,000元(一年)					
瓦斯費	800元（3個月）					
交通費	捷運來回 96元(一天) 1,920元(一個月)					

8.這張「固定支出」還沒看完，Jennifer已等著十年後坐擁80萬存款

在所有「固定支出」中，最弔詭的一項費用是：保險費。如果現在有人問我們，自己的保險內容是什麼？恐怕很少有人能夠真正清楚回答出來。

Jennifer一年的保費是40,000多塊，但如果問她究竟保了哪些項目？她也會忍不住偏頭，想了又想，想了又想，支支吾吾半天還是說不出個大概的輪廓來。

一年40,000多塊的保費，聽起來似乎還好，但如果把它除以12，會赫然發現每個月平均需要繳上約莫3,334元的費用！

這個費用說多並不特別多，但說也少也對不少，至少它已經是每個月水費、電費、瓦斯費、網路費、室內電話費通通加起來還要多！

存款秘書一號

固定支出	每月支出	後來支出	當月現省	一年省下	五年省下	十年省下
房租	10,000元	7,000	3,000	36,000	180,000	360,000
租屋大樓管理費	1,385元	0	1,385	16,620	83,100	166,200
水費	500元 (2個月)	100	150	1,800	9,000	18,000
電費	1,500元 (2個月)	400	350	4200	21,000	42,000
手機費	1,300元	1300	0	0	0	0
內電話費 與 線電視費	124元 (室內電話費) 89元 平台服務費 (綁約一年)	70	143	1,716	8,580	17,160
網路費	1,100	0	1,100	13,200	66,000	132,000
保險費	40,000元 (一年)	28,000	1000	12,000	60,000	12,0000
瓦斯費	800元 (3個月)					
交通費	捷運來回 96元(一天) 1,920元(一個月)					

但我們卻往往在一次投保後，就再也沒有回頭多看一下這項昂貴消費一眼。自從Jennifer開始揮刀大砍自己生活中的「固定支出」後，慢慢一格一格降下來，終於來到保險這個項目。

經過一番討論後，Jennifer最後的保費從原先的40,000元，降低為28,000元，當場每年省下一萬二，五年就是六萬塊，十年就能省下十二萬！

從一開始一路累積到這裡，**每個月大約已經可以省下6、7千塊，十年下來就可以省下恐怖的八十萬元！**如果Jennifer繼續著手料理自己的生活開銷，**說不定十年可以省出一桶金喔。**

現在，就讓我們繼續往下看下去吧。

能量撲滿

與其不斷提高保險費用，倒不如好好照顧自己的身體，在接下來的「如何省下伙食費」的part，將會跟大家一起分享便宜又更健康的聰明吃法喔！

9.動動腦省下瓦斯費

Jennifer是個喜歡泡澡的人，在瓦斯費這部分她並無特別想要節省的意願，不過，有許多朋友，倒是有很多妙方法，來節省瓦斯費用喔！

以下是其他人的節約方法，跟大家一起分享。

超激省瓦斯第一招：那個朋友教我的事。

地瓜是某些人的最愛，再加上它本身營養價值很高，常常買來吃，對自己的健康可是很有幫助的喔！

與其吃怪怪的零嘴，不如來上一根地瓜，不僅可以守住荷包，還可以幫我們捍衛自己的健康。

不過，地瓜在烹煮時，有個小小的缺點——地瓜非常不容易煮透，常常需要耗去不少瓦斯。

朋友推薦一個超激的好方法，煮地瓜時，減下約莫手掌長度的昆布，丟進鍋中與地瓜一起烹煮，因為昆布有讓地瓜很快煮熟的成分，如此一來就可以省下不少瓦斯。

超激省瓦斯第二招：紅豆湯這樣煮，超省瓦斯！

綠豆湯很好煮熟，但紅豆湯可就沒這麼容易，長時間熬煮下，常常會耗去相當多的瓦斯。不過，有個好方法，可以讓紅豆在半小時以內煮熟。

方法如下：紅豆洗乾淨後，泡水約莫半天時間，目的在於讓它更容易煮熟，接著把水倒掉，用塑膠袋裝好，放進冷凍庫，等到紅豆都結冰後，再拿出來煮，就可以很快煮好一鍋香噴噴又口感十足的紅豆湯喔。

超激省瓦斯第三招：夏天洗澡，不用熱水。

有個朋友，堅持夏天洗澡時，絕不開熱水，如此一來，不僅可以省下瓦斯費，還可以連洗完澡後的冷氣費用一塊兒省下。

超激省瓦斯第四招：熱水器要依照不同季節調整。

熱水器上有可以調節水溫溫度的轉閥，有的上頭有很可愛的標示，從一把小火到三把小火可供選擇，冬天的時候天氣冷，可以轉到三把小火，但夏天可別忘了要轉到一把小火的地方節省瓦斯。

能量撲滿

A. 生活中，其實有很多小細節，只要我們稍加留意，或是多留一份心思去思考，往往就可以節約能源喔！

B. 請善用我們滿腦子的小聰明，好好把「愛地球」，同時也能「肥荷包」的好方法們傳播出去吧。

10.一個小習慣，存下一趟歐洲之旅？

Jennifer每天上下班都坐捷運，一趟刷卡48元，來回就要96元，一天交通費用大約需要96元，一個月以上班20天來計算，一個月需要交通費約莫1,920元。

後來，Jennifer發現住家附近有兩台公車，可以一路順暢把她載往公司，只是公車刷卡需要兩段票，一趟路程等於需要30塊，來回則需要60塊，比起捷運馬上當場省下36元。

一天省下36元，一個月以上班20天來計算，一個月則可以省下720元！

明明都是可以到公司的交通車，因為公車站就在公司附近，甚至比捷運站到公司的距離還要近，搭公車或捷運所需要的時間，幾乎一樣。

Jennifer發現這點後，非常驚訝自己以前居然每個月白白多花了720元，現在這些省下來的錢，可是通通都乖乖流向她的存款簿裡喔。

原本以為這個項目，應該到這裡就已經是底線了，但**Jennifer後來還發現一招「超級健康又省錢」的狠招！**

話說，一日她坐公車時，有位阿婆正在問司機，自己下車的那一站需不需要再刷卡？

根據阿婆的問題，好心的司機先生，開始以閒聊的方式細細講解起來，剛巧的是，那天Jennifer就坐在司機後面的位置，把整套公車哪裡是緩衝區、在哪裡是兩段票的分段點講得一清二楚。

Jennifer越聽越興奮，因為她發現自己平常下車站牌的前一站，居然就是緩衝區的最後一站。也就是說，只要她在自己原本要下車站牌的「前一站」下車，就是一段票。

因為這兩站之間的距離並不算太遠，於是某天Jennifer便親自走了一趟，發現這段路程只要10分鐘左右，而且行走時，一路上都有騎樓，就算下雨也不怕。從此以後，Jennifer每天上下班都會「趁機運動一下」多走個10分鐘不到的時間，從分段的地方上下車。

Jennifer花了一小段時間適應這個新方法，大約一個禮拜後，她不僅存下另外一筆錢，更棒的是——不用節食，也不用再額外做運動，自己竟成功減下一公斤。

對Jennifer來說，這個額外的收穫，比省下這筆錢更重要，因為這可是她一直在努力的目標，沒想到在存下一筆小錢的同時，還順便實現了自己的減重計劃。

現在，讓我們一起來看看，Jennifer從一開始每天96元的交通費，也就是一個月要花掉1,920元，到現在一天只需花30元的交通費，也就是一個月要花掉600元，總共省下1,320元！

Jennifer只是改變生活中的一個小小習慣，不但成功減重，還為自己**每個月省下1,320元，等於一年省下15,840元（等於一年省下半個多月左右的薪水），等於五年省下79,200元，等於十年省下15,8400元！**

十五萬八千多塊，已經可以到歐洲旅行幾個禮拜、到杜拜享受奢華服務一星期、**存下一桶金中的15.84%，幾乎快要16%**。

而Jennifer做了什麼？居然可以存下這筆小鉅款！她只是把上班的交通工具，從捷運改成公車，然後又拜阿婆所賜，上下班時多走了一個站牌，成功實現寫在筆記本上N年的減重目標，還順便「習慣成自然」省下這筆錢。

存款秘書一號

固定支出	每月支出	後來支出	當月現省	一年省下	五年省下	十年省下
房租	10,000	7,000	3,000	36,000	180,000	360,000
屋大樓管理費	1,385	0	1,385	16,620	83,100	166,200
水費	250 (平均一個月)	100	150	1,800	9,000	18,000
電費	750 (平均一個月)	400	350	4,200	21,000	42,000
手機費	1,300 (平均一個月)	1,300	0	0	0	0
內電話費與線電視費	124 (室內電話費) 89平台服務費 (綁約一年) 總共213元	70	143	1,716	8,580	17,160
網路費	1,100	0	1,100	13,200	66,000	132,000
保險費	40,000 (一年)平均每個月約3,334元	28,000平均每個月約2,334	1,000	12,000	60,000	120,000
瓦斯費	800 (3個月) 平均每個月約267元	267	0	0	0	0
交通費	捷運來回96(一天) 平均每個月約1,920元	600	1,320	15,840	79,200	158,400

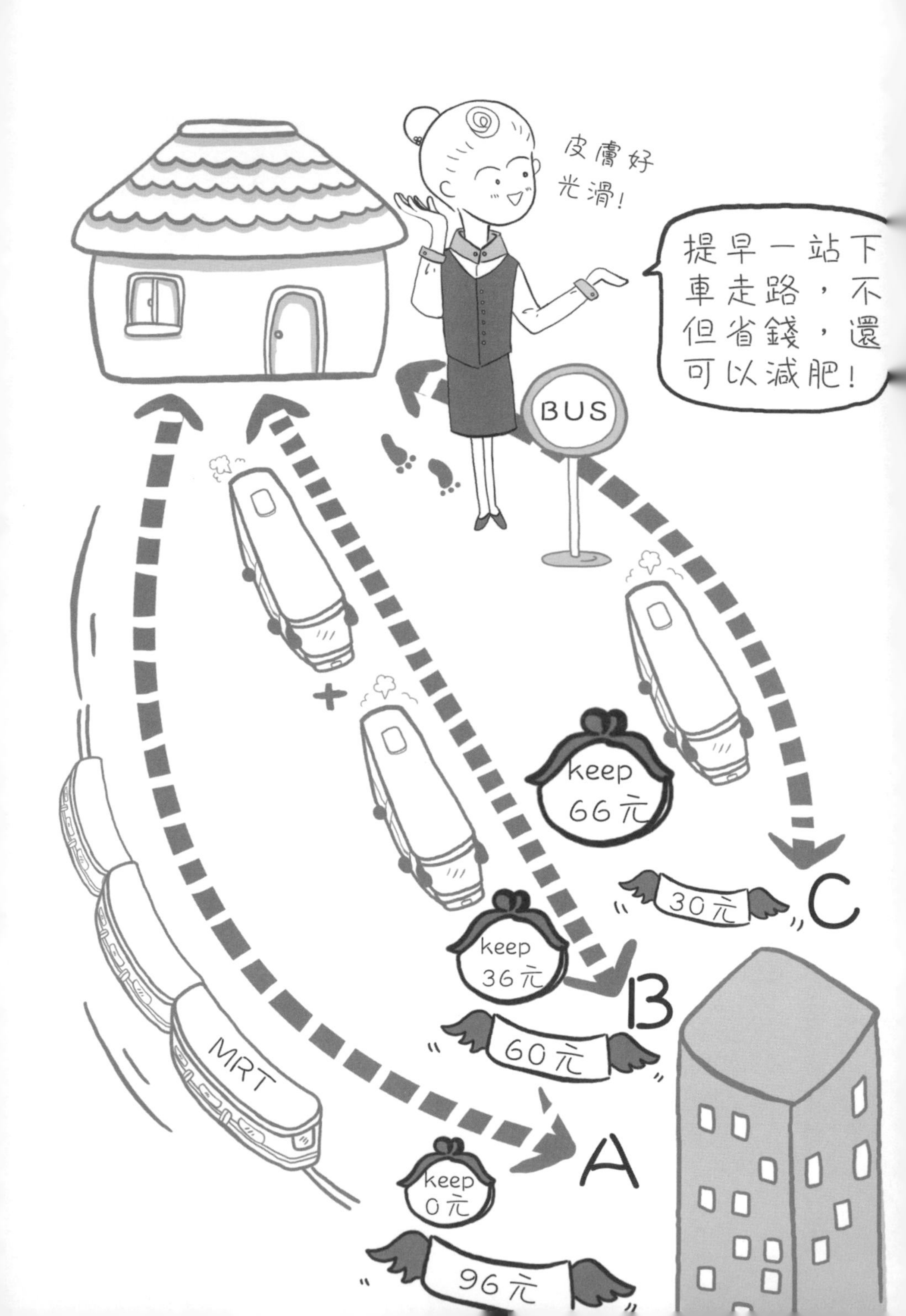
皮膚好
光滑！
提早一站下
車走路，不
但省錢，還
可以減肥！
BUS
keep
66元
30元
C
keep
36元
B
60元
MRT
A
keep
0元
96元

11.月光族輕輕鬆鬆存下一桶金

「存款秘書一號」表格一項一項填完後，顯示出以下幾項驚人的結果！

第一項驚人結果：每月固定支出總和從一開始的20,519元，經過大刀猛揮這幾下，居然直接變成12,071元。

第二項驚人結果：除了搬了一次家、多注意用電量、刪除一些自己平常很少在用的服務，居然每月馬上現省8,448元！

第三項驚人結果：每月這樣省，除了電費跟交通費，必須在生活中稍微多注意一點之外，一年竟然就這樣輕輕鬆鬆省下101,376元！**一年幾需幾個動作，現省10萬塊，說不定比接兼職工作還要好賺，更棒的是——這些費用還會繼續省下去，她卻不必再多做什麼！**

對於存款數字從來沒有超過五位數字的Jennifer來說，這簡直是嚇死人的存款數字，而且只需要花一年時間？！

重點是Jennifer現在剛做完「存款秘書一號」表格，就已經有這樣的存款數自，下冊中，將會出動「存款秘書二號」流動支出表格，一項、一項做下來，一年可以還可以另外再省下超過15萬！

Jennifer再也不用苦苦等候老闆加薪、發年終獎金，**只要出動「存款秘書一號」與「存款秘書二號」兩張表格，每年馬上就可以存下將近25萬！**

最令她驚愕的是，自己從頭到尾除了搬了一次家、打幾通電話取消電視費與網路費、約了保險人員碰過一次面、上下班多走一點路強身健體之外，自己沒有再多做什麼事。

第四項驚人結果：重點是，這些錢還會繼續省下去，五年可以省下506,880元。

第五項驚人結果：十年後，Jennifer單靠刪減「固定支出」的費用，竟然就可以省下這麼多錢，成為自己人生中存下的第一桶金1,013,760元！

存款秘書一號

固定支出	每月支出	後來支出	當月現省	一年省下	五年省下	十年省下
房租	10,000	7,000	3,000	36,000	180,000	360,000
屋大樓管理費	1,385	0	1,385	16,620	83,100	166,200
水費	250（平均一個月）	100	150	1,800	9,000	18,000
電費	750（平均一個月）	400	350	4,200	21,000	42,000
手機費	1,300（平均一個月）	1,300	0	0	0	0
內電話費與線電視費	124（室內電話費）89平台服務費（綁約一年）總共213元	70	143	1,716	8,580	17,160
網路費	1,100	0	1,100	13,200	66,000	132,000
保險費	40,000（一年）平均每個月約3,334元	28,000平均每個月約2,334	1,000	12,000	60,000	120,000
瓦斯費	800（3個月）平均每個月約267元	267	0	0	0	0
交通費	捷運來回96（一天）平均每個月約1,920元	600	1,320	15,840	79,200	158,400
每月固定支出總和	20,519	12,071	8,448	101,376	506,880	1013,760

月光族 Jennifer現在常笑說：「以前我對身邊的很多事情，多少都有點麻木，因為上班回家後實在太累了。雖然現在工作一樣讓人感到疲勞，可是我的心卻是充滿熱情的喔！

自從開始決定『一定要存下錢』後，現在連公車上阿婆跟司機的對話都覺得好可愛喔，也會盡全力豎起耳朵聽一下，然後會很想試試自己收集來的小資訊。

以前我老是覺得這樣做似乎很麻煩，可是一旦真正去實行後，才會突然驚覺到『這其實很簡單嘛』！

連我這個超級標準的月光族，都可以輕輕鬆鬆做到這個地步，其他人一定也可以，說不定還可以比我做得更好、更棒、更快存到人生的第一桶金喔！」

扣好衣服的第一顆鈕子，接下來只需要乖乖照辦，不用花什麼心思，就可以輕鬆存下自己想要的存款數目。

Part 3 就算22K，每月也能從「固定支出」存到錢

1. 先把，**22K剖成一半來看**
2. **浪費**就**藏在細節裡**
3. 別讓**無意識**的生活習慣，吸走錢包裡的**每一塊錢**
4. 再也**不回頭看**，造成**荷包**月月**大失血**
5. **請半價計算**，謝謝
6. **除了**房子，**人生第二項大型支出**
7. 費用**多寡**，常常跟**使用方式**息息相關
8. 把**更有利**的選項**找出來**
9. **掌管**錢包，其實跟**管理後宮**很像

1.先把22K 剖成一半來看

Rebecca月薪只領22K，自己在外租屋生活，每天早上以一塊可口蛋糕拉開一天的序幕。

這樣的生活讓Rebecca成為標準的月光族，但現在她擺脫掉月光族封號，儘管月薪22K，每個月居然還能存下4,000元以上！令許多月領三萬多塊，卻是月光族的朋友，忍不住向她請教存錢之道。

不管收入22K還是30K，一年後，Rebecca的存款數字會超過四萬八千元，而月光族朋友的存款數字依然停留在四位數，很難突破五位數。

十年後，假設Rebecca薪水始終沒變，保守估計Rebecca的存款數字至少會有四十八萬，而月光族朋友依然還停留在四位數。

賺得比較多，或者賺得比較少，會直接影響到存款嗎？答案：恐怕不會。**因為真正決定我們能存下多少錢的重要關鍵，不是「賺多少」，而是「花多少」！**

Rebecca知道自己賺得不多，但有些花費是不能省的，再者，她也不願意為了一個勁兒的省錢，而失去更重要的生活品質。

生活品質好≠要花很多錢

為了更加有效控管、運用所有收入，Rebecca大刀一劈，直接將22K拆解成兩個11K，一半分給每個月的固定支出，另一半分給每個月的流動支出。**把22K拆解成兩個11K最大好處就是——能更加靈活運用兩筆費用。**

對Rebecca來說，想不忍耐就能存到錢的第一步，不是先檢視自己平常吃了多少、喝了多少、買了多少，而是先拿放大鏡看看平常生活中，有沒有哪些比較大額度的支出，其實根本不用花那麼多錢，就可以享受到相同服務或生活，而自己卻放任那項支出一直挖走荷包裡的每一塊錢。

首先，Rebecca先把每月的固定支出一一羅列出來，最後目光放在最燒錢的那個項目上——房租。

Rebecca每個月的固定支出（Before）

固定支出	每月支出
房租	7,000
租屋大樓管理費	0
水費	200
電費	300
手機費	1,300
室內通訊	0
網路費	1,100
保險費	1,000
瓦斯費	250
交通費	600
每月固定支出總和	11,750

透過這張表格，審視自己的生活中的固定開銷，Rebecca很快驚覺到自己的房租費用似乎過高，7,000元的租金幾乎花掉她將近三分之一的薪水！

而且光是固定支出的每月費用，就高達11,750元，比11K多了750元，入不敷出，難怪自己會成為月光族，每個月領薪水的前五天，晚餐都只能吃泡麵度日。

她算了一下，發現如果想要每個月順利存下一小筆錢，就必須把租金壓到薪水的四分之一以下，大約是5,000元左右，生活負擔才不會那麼重。

只是房子租金7,000元已經算很便宜，想要找更便宜的房子似乎很困難，後來Rebecca與另外一位正在找人合租房子的朋友，一起合租一間公寓，租金一萬元，兩人分攤，一人一個月租金只要5,000元。

Rebecca開始就知道大樓管理費用，會對每個月的支出造成負擔，所以在找房、租房時，都盡量避免找需要管理費用的房子。

雖然沒有警衛室的駐守，生活偶爾會感到有些不方便，例如：大樓進出無人控管、掛號信要自己找時間到郵局領取……等等。但所幸Rebecca很少有掛號信，居住的附近環境治安良好，沒有警衛室對實際生活影響較小。

調整後Rebecca每個月的固定支出，如下表：

固定支出	每月支出	固定支出	後來每月支出
房租	7,000	房租	5,000

固定支出	每月省下	一年省下	五年省下	十年省下
房租	2,000	24,000	12萬	24萬！

直到真正住進房子裡後，Rebecca才發現這個「合租房子」決定，不僅讓自己每個月省下2,000元，竟額外讓自己又順勢省下不少費用！

在「食、衣、住、行」所有費用裡，「住」的費用往往是比較重的負擔，而且通常不是由自己定價。更需要留心的一點是——居住的環境、品質，以及地點，常常會影響我們生活型態、移動路線，所以選擇居住地點時，必須更為小心謹慎。

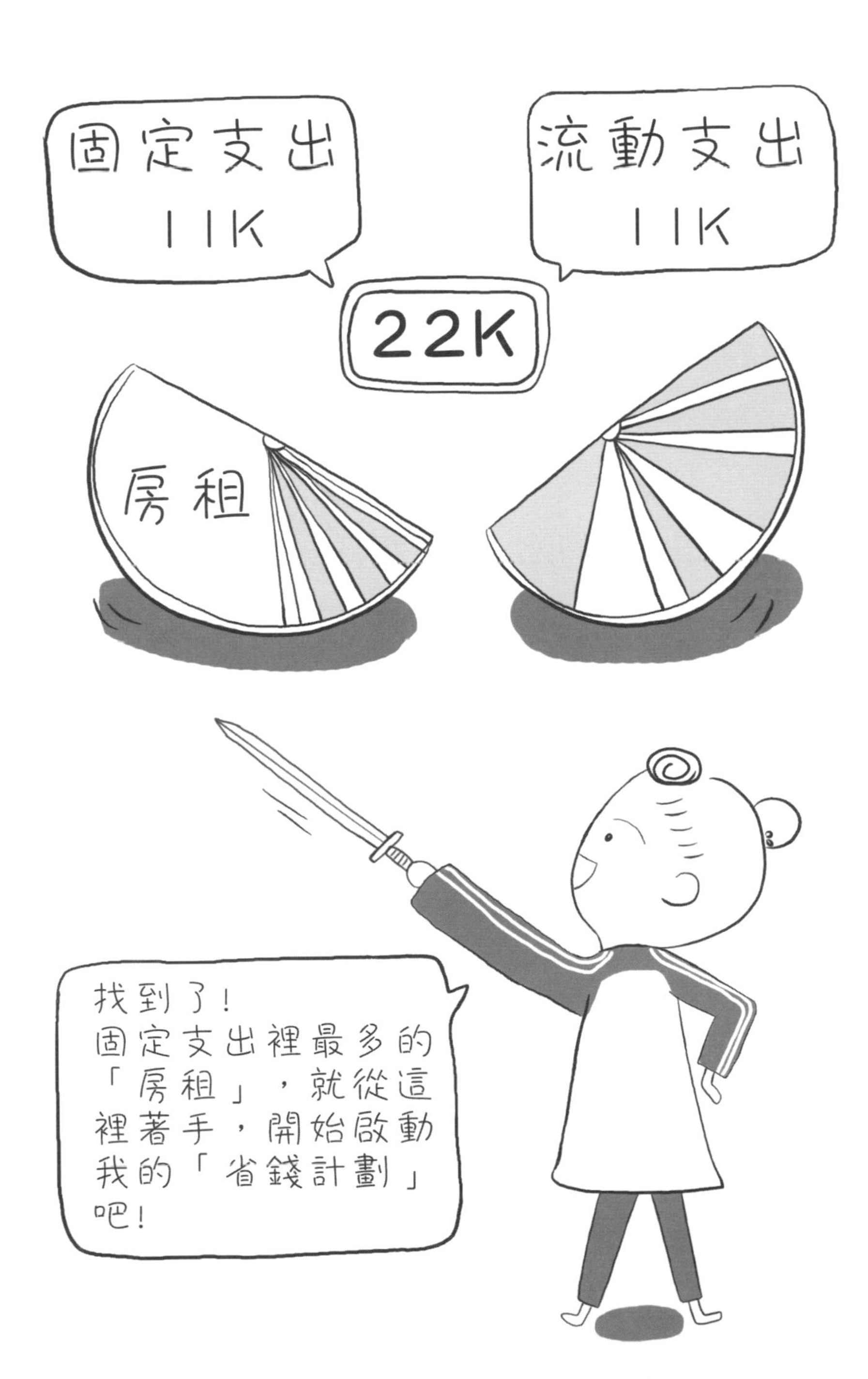
固定支出
11K
流動支出
11K
22K
房租
找到了！
固定支出裡最多的「房租」，就從這裡著手，開始啟動我的「省錢計劃」吧！

2.浪費就藏在細節裡

Rebecca一直以為自己生活用度雖談不上很能省，但至少已經能做到「沒有浪費」，直到和室友同住後，才赫然驚覺自己原來在不知不覺中，還是浪費了不少水。

每天早晚刷牙洗臉，Rebecca刷牙的習慣是左手拿著漱口杯，右手抓著牙刷，打開水龍頭後就沒關，直到完成刷牙動作為止。從來不覺得自己這樣做有什麼不對，直到有一天室友看見，輕輕問她一句：「妳刷牙時，好像都不關水龍頭？」

當時，Rebecca右手正在刷牙，左手拿著的漱口杯放在水龍頭底下，杯內的水早就滿了，正不斷往外溢出來，但她還是沒有想關掉水龍頭的意思，就讓水一波波溢滿左手，一直、一直往下流入洗臉盆。

「浪費」，往往就是不知不覺中花掉的那些費用！

明明沒買什麼奢侈品，為什麼薪水很快就花光光？天天都把錢花在該花的東西上，為什麼還是存不了錢？平常很少在家，除了洗澡用水較多外，為什麼水費總是比其他人多？

以上這些疑問，通通指向一個共同的方向：「浪費」，往往就是不知不覺中花掉的那些費用！

如果我們有意識到自己正在花錢，通常就不會真的造成浪費，**最恐怖的浪費往往是我們很難察覺到的那些費用，因為疏忽或不經意，任憑原本需要的「花費」慢慢演變成「浪費」**。

刷牙用水是花費，但如果放任水龍頭一直流掉我們根本沒使用過的水，就是浪費。很多浪費，常常是花費的延伸。節約用水的方法有很多，我們不用每一項都遵守，只需要挑出自己有興趣，而且的確在生活中造成不少浪費的項目來做即可。

以下是幾項可以省水的小妙方，提供大家做參考：

第一項省水的小妙方：不需要用水的時候，就把水龍頭關掉，尤其是我們常常容易忽略的那些時間點。

第二項省水的小妙方：淋浴很舒服，但在家淋浴和做SPA不同，在家淋浴目的在於清潔，而非享受較強水流的按摩效果。

第三項省水的小妙方：拖地的水，可以用來澆花。

第四項省水的小妙方：泡澡的水可以用來洗衣服。

除此之外，還有很多省水小秘方，其實方法都不難，重要的是我們一定要先**「注意」到問題，經過「思考」，想出聰明的「方法」，就能輕鬆達到想要的目標。**

固定支出	每月支出	後來每月支出
水費	200	100

固定支出	每月省下	一年省下	五年省下	十年省下
水費	100	1,200	6,000	12,000

自從Rebecca開始意識到省水的問題後，每個月分攤下來的水費，從原本的200元，變成只需要區區100元，就可以搞定一個月的水費。一個月省下100元，在不知不覺中，一年就可以省下一千多塊，五年就能省下六千塊，十年省下一萬二。

3. 別讓無意識的生活習慣，吸走錢包裡的每一塊錢

Rcbccca下班後，喜歡開著電視一邊吃小點心，一邊放鬆心情看雜誌，然後慢慢躺上沙發，最後不知不覺睡在沙發上。

她一直很理所當然這樣過生活，直到有了室友後，藉由觀察室友的生活習慣，再看看自己，突然發現自己的壞習慣似乎還真不少。

例如：室友在客廳看書時，很少開電視，如果想專心看自己喜歡的節目，就不會手裡又抓著一本書。

一心多用，有時候看起來似乎能節省時間，但更常出現的結果是——兩件事都沒有好好完成，或是因為過於專注某一件事，完全忽略另外一件正在進行中的事。

不好的生活習慣跟浪費是好兄弟

念高中時，Rebecca住在家裡，常常看見阿公看電視看到睡著，連阿公都笑說，不是自己看電視，是電視在看他。

那時候Rebecca心裡有一個疑問：如果想睡為什麼不回房睡，偏偏要開著沒在看的電視睡覺？現在回頭看看自己，是不是跟阿公當年有點類似呢？

後來有朋友拜訪她們家，看見Rebecca隨手關燈的習慣，問她：「平常是不是很節儉？」

Rebecca回答：「這是最基本該有的生活習慣，**明明不需要使用卻任憑電燈開著，就是浪費**。其實我也很好奇，讓不需要亮著的電燈亮著，究竟是為了什麼呢？」朋友回答不出來。

多年後，這位朋友依然被社會貼上月光族的標籤，而Rebecca已經存到房子頭期款，正在積極物色一間專屬於自己的套房。

隨手關燈，是大家都耳熟能詳的好習慣，所要耗費的體力也很少，只需要把手稍稍抬起，不費吹灰之力按下就可以辦到，可是對有些人來說，隨手關燈似乎是有件遙遠的事。

好習慣的養成並非一朝一夕，有時候我們在許多地方多有浪費卻不自知，**只有靠不斷時時提醒自己，才有可能避免不必要的浪費**。

傳說王永慶生前有飯後用牙籤剔牙的習慣，有一天他用完餐後拿到兩頭都可以用的牙籤，而他平常用的牙籤則是一頭是花紋，只有一頭能用，於是他轉頭吩咐祕書，以後要買這種兩頭都可以用的牙籤。

節儉＝美德。
節儉≠小氣。

節儉需要依靠腦袋裡的小聰明、自制力、毅力、判斷力，才能擁有，擁有這項美德將會使人一輩子受用不盡。一個認為這是小錢，就任意揮霍的人，很難有大成就，也很難存到錢。

固定支出	每月支出	後來每月支出
電費	300	150

固定支出	每月省下	一年省下	五年省下	十年省下
電費	150	1,800	9,000	18,000

與朋友合租房子後的Rebecca，更加仔細審視自己的各種生活習慣，結果每月電費分攤下來，居然只要自己以前的一半！

能量撲滿

聚沙可以成塔。**每一個小習慣的積累，都是為了成就更棒的自己**，為我們的生活帶來更好的保障跟資產。

4. 再也不回頭看，造成荷包月月大失血

Rebecca自多年前申辦智慧型手機後，便再也沒有回頭看看現在是否有更適合自己的通話方案。

她每個月的手機帳單約莫在1,300元左右，月復一月，年復一年，幾乎每年都要負擔一萬五千元左右的手機費用。

某天室友收到手機帳單，嘴裡嘟囔著：「這個月要繳400多塊啊。」Rebecca雙耳立刻豎得尖尖的，心中暗忖：自己跟她都使用智慧型手機，為什麼她的手機費用只要400多塊，自己卻要1,300元左右？

Rebecca立馬衝向室友，拿出自己的手機帳單跟室友一起討論。原來智慧型手機剛出來時，能選擇的方案有限，但經過時間更替，目前能選擇的通話方案多了很多，也更加優惠。

通常一項新產品剛被研發出來時，因為還在試市場水溫，尚未大量量產，價格往往無法壓低，再加上研發成本的關係，訂價普遍會定得偏高一點。

隨著時間推移，產品慢慢來到穩定階段，開始大量量產，研發成本也慢慢被減低，該項產品就會進入各家業者競爭白熱化的階段，這時候購買該項產品，往往是最聰明也最划算的時機。

Rebecca了解狀況後，再次好好研究市面上所有手機方案，挑選出最適合自己的，結果每月1,300元的固定支出，立刻調降為500元。

固定支出	每月支出	後來每月支出
手機費	1,300	500

固定支出	每月省下	一年省下	五年省下	十年省下
手機費	800	9,600	48,000	96,000

選擇新的通訊方案後，Rebecca使用手機狀況照舊，卻硬生生每月省下800元，**一年下來省了9,600元，幾乎快要逼近她薪水的一半！**

如果放長時間來看，五年可以省下四萬八千元，十年直接省下將近十萬塊的金額，對存款數字來說，這是一筆非常滋補的金額吶。

能量撲滿

對於每月固定會給我們寄來一張帳單的費用，都不可太過輕忽，只要處理得當，往往可以替自己省下一小筆可觀的存款！

5.請半價計算，謝謝！

自從有了一個新室友後，Rebecca發現生活中好多費用都能直接輕鬆減半、負擔減半！

與人分租公寓，雖然生活中會出現另外一個人，不比自己一個人生活時輕鬆自在，但這一點點小不方便，並沒有超乎Rebecca原本的預期，反而是隨之而來的優點，大大超乎他的預期。

首先，這個優勢表現在——

A. 居住空間上。

以前Rebecca住在小小的套房裡，現在則多了舒適的客廳跟小廚房，自己跟室友各有一間房，想要一個人躲起來時，就關進房間裡，想要有個人可以聊聊天時，就打開房門，踏進客廳的公共空間。

生活變得更彈性：無價！

B. 生活互助上。

生病時，Rebecca會跟室友彼此照顧，工作上出現問題，身邊也有個人可以商量，就連房子哪裡出現問題，也可以等房東過來，一起把問題解決掉。

與朋友連結更深：無價！

C. 生活支出上。

有些服務或物品可以共享，共享背後就代表一件事：支出減半！最先出現明顯效果的就是房租減少了，可以靈活使用的空間變多了，另外還有水、電費也默默跟著降低，就連網路費用也直接砍半。

許多生活固定支出：半價計算！

固定支出	每月支出	後來每月支出
網路費	1,100	550

平常下班後回家，Rebecca大多用手機跟朋友互動，偶爾會上網看點東西，先前她一直考慮是否退掉網路，可是又覺得退掉網路似乎會有點不方便，和室友合住後，驚喜發現這個問題自然而然便迎刃而解了。

先前Rebecca總覺得使用不多的網路，每個月都要消耗掉辛苦賺來薪水中的一千多元，有點心痛，現在直接以半價計算，月付550元，讓她感覺服務照舊，負擔卻一下子減輕一半的滋味相當美妙。

固定支出	每月省下	一年省下	五年省下	十年省下
網路費	550	6,600	33,000	66,000

Rebecca敲了敲計算機，赫然發現有了室友的分享與分攤後，網路費每月現省550元，一年可以多存下6,600元，**最棒的是她不用多做什麼，只要按照平常日子過生活，這些費用就能自動替她省下來，成為自己存款的一部分。**

Rebecca先前為了增加存款數字，接了一份平面設計的兼職工作，從溝通到修改，直到最後完成，總共經歷了半年多，才為荷包多賺進五千多元。

兩相比較後，Rebecca發現如果想要存下錢，「節流」絕對比「開源」來得更快、更有效！

畢竟這些錢原本就屬於我們，差別只在於要把它花出去，還是成為存款的一部分，但「開源」裡頭，就會充滿更多我們無法控制的因素，相對而言，雖然並非做不到，但想要靠「開源」存下錢是比較困難一點的。

對Rebecca來說，她照樣使用網路，不需要額外花時間、精力，也不需要做溝通或設計工作，就能額外多存下6,600元，是一件「天上掉餡餅」的事。

但我們都知道，這並不是「天上掉餡餅」的事，而是Rebecca先前的決定，所帶來的附加福利。

能量撲滿

對於尚未擁有的，我們手中握有的主控權較少；對於已經擁有的，我們手中則能掌握較多的主控權。

6.除了房子，人生第二項大型支出

有殼族陳小姐，每個月薪水下來，就會被扣掉一筆5,000多塊的費用，雖然每個月的薪水有三萬塊，但到她手中真正能運用的錢只有兩萬五千塊。

無殼族黃先生，每個月薪水下來，也會被扣掉一筆5,000多塊的費用，雖然每個月的薪水有三萬塊，但到他手中真正能運用的錢只有兩萬五千塊。

看到這裡也許有人會想問，有殼族的陳小姐，因為買了房子，每月固定被扣款5,000多塊支付房貸費用，那麼無殼族的黃先生，究竟買了什麼？答案其實很簡單，我們每個人多少也都有買這項產品，那就是——保險。

保險不是保得多，就等同於保障比較多，最重要的還是要符合自己的需求，比較可惜的是，現在保單內容偏向類似法律條文，閱讀不容易，所以只好請教專業人員，然後再用自己可以理解的話，寫在另外一張單子或保單上。

以無殼族黃先生為例，一年大約要繳六萬塊左右的保費，如果是15年期，等於總保費是90萬。比起房價動不動就好幾百萬或上千萬，90萬看似有點小巫見大巫，但如果把90萬放到平常消費來看，除了房子以外，還有什麼產品會讓我們一次掏出90萬購買？

購買保險跟房子不一樣的一點是，房子決定購買之後，就很難再有所調整，剩下的調整不外乎是小屋換大屋，如果不想自住就租人或賣掉，但保險不一樣，其實保險是可以時時審視的，看看以前購買的保單是否符合現在的需求。

保險的目的是為了防患於未然，但如果造成現在的壓力跟負擔，那就代表可能需要好好重新審視一下保單了。

固定支出	每月支出	後來每月支出
保險費	1,000	800

經過一番調整過後，Rebecca驚覺在所有固定支出中，除了每月房租5000元以外，就屬保險費的支出最多，尤其把其他支出挑出來看，會赫然發現破千元的固定支出，其實只有房租跟保險費。

Rebecca沒有把生活固定支出一一羅列出來之前，根本不知道保險費用居然每月千元，以前她覺得只是每月繳交一千元似乎還好，可是跟生活其他支出放在一起比較時，就會發現這筆費用並不算是小數目。在驚訝之餘，Rebecca很快聯絡了保險專業人員，約定好碰面的時間、地點。

這次碰面的目的有兩個，一來是自己已經忘記保單內容到底有些什麼？二來是想向對方請教保單是否有在瘦身的可能。畢竟自己一個月月薪只有22K，一年保費要花掉半個月薪水，對她來說負擔頗重。

每月固定支出超出千元者，如下表：

固定支出	後來每月支出
房租	5,000
租屋大樓管理費	0
水費	100
電費	150
手機費	500
室內通訊	0
網路費	550
保險費	1,000

註解：把所有費用一一羅列出來後，很快就會發現自己每月的「固定支出」都花在哪些地方，終於可以擺脫「不曉得錢到底都花到哪裡去」的惡夢。

與保險人員互相研究後，Rebecca發現保單中，有一筆兩千多塊的保險產品是自己不需要的，請保險人員幫忙砍掉該產品後，原本每年保險費用從一萬二，調降為不到一萬元。

也許有人覺得每年少繳2,400元金額並不大，但Rebecca認為2,400元也是自己辛苦賺來的錢，再者，**為什麼要付錢購買自己其實並不需要的產品呢？**

於是，Rebecca毅然決然退掉該項產品，並決定每年都要重新審視看看保單，讓每一分錢都能花在刀口上。

固定支出	每月省下	一年省下	五年省下	十年省下
保險費	200	2,400	12,000	24,000

能量撲滿

存錢守則：先把口袋裡的錢管好了，存款自然會增加。

「賺到錢」≠存到錢。「省到錢」往往等於存到錢。

7.費用多寡，常常跟使用方式息息相關

Rebecca很喜歡煮咖哩、滷味這一類食物，通常只要假日燉煮完後，往往可以吃上一整個禮拜，再加上她本身就愛吃這些東西，所以更常烹煮這類食物。為了可以讓食材入味，她都會開著小火，讓滷汁慢慢沸騰，好讓味道進入每一樣食材裡。

自從Rebecca有了新室友後，因為做菜夥伴變成兩個人，做菜有時候更像在玩遊戲一樣，還能互相交流或交換意見，於是更有開伙做菜的動力。

她們常常一起討論跟研發最新方便又好吃的菜品。Rebecca很快發現，有些東西的烹飪過程，電鍋比瓦斯爐更好用，例如：咖哩和滷味。

凡是需要入味的餐點，都可以交給電鍋幫忙悶煮。Rebecca後來常常使用一個好妙方，把原本需要用瓦斯小火燉煮的步驟，交給電鍋悶著。

實際使用方法如下：當電鍋按鈕跳起時，不要急著把插頭拔掉，讓食材繼續悶著，**並在電鍋蓋上加放幾條毛巾或抹布，目的在於「保溫」**，感覺有點像悶燒鍋，把原本可能七、八分熟的食物，利用「高溫」，而非烹煮動作，把食物悶熟到完全ok。

Rebecca發現，用這個方法悶煮白斬雞，味道、熟度跟嫩度特別好，有時候在星期六買了一隻雞，洗淨後把雞腳塞回腹中，放入鍋子，倒點米酒塗抹雞全身，裡裡外外都要。

最後把簡簡單單處理過後的雞，放入電鍋裡悶煮，起鍋後，像外國人吃大火雞一樣，用刀叉切下適當大小的肉塊或肉片，放在盒中備用，一個多禮拜份量的肉類主菜就有了。最棒的是，自己煮得白斬雞味道好吃又便宜！

用電鍋煮白斬雞重要眉角：Rebecca媽曾交代，家裡電鍋煮白斬雞時，外鍋放一杯半的水，煮好後抹鹽就可以吃。

Rebecca只在外鍋放一杯水，利用上述的方式，電鍋煮好後，沒有急著取出來食用，反而又多悶的一個多小時，才打開電鍋。

少了半杯水的烹煮時間，利用電鍋特性，多悶煮了一小時的白斬雞，肉質變得更嫩，骨肉之間略帶點血的狀況也消失不見。利用在電鍋上蓋抹步的方法，不僅節省費用，也讓雞肉變得更嫩，而且完全熟透，堪稱一舉數得。

固定支出	每月支出	後來每月支出
瓦斯費	250	150

固定支出	每月省下	一年省下	五年省下	十年省下
瓦斯費	100	1,200	6,000	12,000

無意識的浪費最可怕

當人的討論變得更多、交流更多，就能激盪出更多更棒的方法來做事，自從有了室友之後，Rebecca更喜歡自己煮東西來吃，省錢又健康。

最讓Rebecca驚嘆不已的是，東西照煮，甚至比以前更常煮東西，但瓦斯費用居然下降了？後來她才慢慢悟出一個道理，瓦斯費用的多寡，不一定與烹飪次數成正比，卻一定跟自己使用的方式息息相關！

能量撲滿

意識到自己正在做的每一件事，能更有效杜絕浪費。

聰明省錢進階三部曲

8. 把更有利的選項找出來

Rebecca有一台從大學時代就擁有的機車，大學畢業後的第一份工作離租屋較遠，於是放棄騎車上班的念頭，改為搭乘公車或捷運。

後來和室友合租現在的公寓，從居住地點到公司，只需要經過三支公車站牌的距離，每天來回公車費用共30元，一個月以工作20天計算，交通費約為600元。

某個月的最後一天，Rebecca起床晚了，為了不前功盡棄、失去一千塊全勤獎，她突然想起自己那台老爺機車，火速打理好自己後衝出家門，騎上久違的機車，趕在15分鐘之內，安全抵達公司。

從那天起，Rebecca突然正視到一件事，自己以前不願意騎車上班，是因為路途較遠，騎車上班的油資跟大眾交通工具差不多，所以才改搭大眾交通工具，現在情況正好相反，居家與公司距離縮短，騎車不到15分鐘就可以抵達，是否應該考慮騎車上班？

後來，Rebecca決定騎車上下班，一個月下來，她發現自己不僅可以晚半小時起床，連荷包也偷偷變大了。

原來她騎車上下班這個月來，總共只加兩次油，一次大約一百元左右，等於她這個月的交通費只花了兩百元，比起先前的600元，足足省了400元。

一個月省下400元，一年就可以省下4,800元。4,800元將近她一個月的房租錢，也快逼近每月薪水的四分之一，以薪水22K來說，這並不算是一筆小數目，如果可以省下這筆錢，成為存款簿裡數字，可是非常可愛的一小筆存款。

固定支出	每月支出	後來每月支出
交通費	600	200

固定支出	每月省下	一年省下	五年省下	十年省下
交通費	400	4,800	24,000	48,000

能量撲滿

有時候可以讓生活得更好的妙方，就在我們身邊，只是因為一時疏忽，忘了其實比現況更有利的選項一直都存在著。

9.掌管錢包，其實跟管理後宮很像

自從決定和朋友合租一間公寓後，Rebecca發現自己每個月的固定支出似乎正在不斷減少，荷包日復一日慢慢鼓大起來。將「每月固定支出前後對照表」拿出來一看，猛然瞪大雙眼，發現表格裡頭大有玄機。

請大家一起看看表格中，特別用深色底標明出來的部分，這五項費用都因為與人同住，馬上帶來「生活開銷立即減半」的好處。

不過，Rebecca提醒，雖說網路費用一定會減半，房租費用也會比較省，但其他的水電費或瓦斯費，還是會因為不同室友而有所不同。

這張表格中，我們可以看出以前Rebecca每月「固定支出」都超出11K，這裡頭也藏著讓她成為月光族的枝枝節節。

套句知名電視連續劇的名台詞，大致語意如下「修剪盆栽跟整頓後宮其實很像，剪去我不要的，留下想要的」，我們管理自己的荷包，運用自己的薪水，其實也是相同的道理。

固定支出	每月支出	後來每月支出
房租	7,000	5,000
租屋大樓管理費	0	0
水費	200	100
電費	300	150
手機費	1,300	500
室內通訊	0	0
網路費	1,100	550
保險費	1,000	800
瓦斯費	250	150
交通費	600	200
每月固定支出總和	11,750	7,450

大刀闊斧砍去不必要的支出費用

在我們跟著Rebecca慢慢一條條、一件件審視下來的過程中，也許會有人覺得除了房租費用一次價差到2,000元、手機費用相差到800元、網路費用相差550元以外，其餘費用的差別似乎都在500元以下，好像並不需要那麼注意。如果這樣想，那可就太粗心了。

請看看本篇文章第二張表格「固定支出月月省」，再把目光直接跳到最下方的數字，

Rebecca以前每月固定支出要花掉11,750元，後來只需要支出7,450元，**每月可以多存下4,300元，一年就可以多存下51,600元。五萬多元的金額，已經是Rebecca兩個多月的薪水！**

從前身為月光族的Rebecca，從來沒有想過自己有天能一年存下五萬多塊，而且這還是固定支出部分存下的金額，至於Rebecca每月「固定支出」加上「流動支出」能存下多少錢，請看下一本書裡頭，將有完整的分析與分享。

以Rebecca為例，我們會發現一點一滴的積累，將會形成非常可怕的數字，每月多存下4,300元，一年可以多存下5萬多元，五年大約能存下25萬，**十年大約能存下50萬，已經整整存下半桶金！**

如果「流動支出」部分也能有這樣的效果，「固定支出」加上「流動支出」兩大支出加起來，Rebecca五年後大約能存下50萬，十年大約能存下100萬，順利存下人生中閃亮亮的第一桶金！

還有另外一件事也很值得我們注意，在這張表格中，我們一直以Rebecca十年內薪資都維持在22K來作為計算，而且還有另外一個大前提，Rebecca除了一份正職工作之外，並沒有從事任何兼職工作或是副業。

但實際情況是，Rebecca的薪資在十年內很有可能不斷往上提升，而她其實已經開始嘗試透過兼職工作，開始賺取更多的工作經驗、不斷累積自身技能與金錢。這背後代表著一件事：Rebecca存下人生中閃亮亮第一桶金的時間絕對可以更快！

馥眉曾寫過《在家工作賺到100萬》與《兼職賺到100萬》兩本書，如果Rebecca加以善加利用，自己替自己每月加薪，開始積極從事一些兼職工作，一定能在十年之內輕鬆存到人生第一個100萬。

固定支出月月省

固定支出	每月省下	一年省下	五年省下	十年省下
房租	2,000	24,000	12萬	24萬！
租屋大樓管理費	0	0	0	0
水費	100	1,200	6,000	12,000
電費	150	1,800	9,000	18,000
手機費	800	9,600	48,000	96,000
室內通訊	0	0	0	0
網路費	550	6,600	33,000	66,000
保險費	200	2,400	12,000	24,000
瓦斯費	100	1,200	6,000	12,000
交通費	400	4,800	24,000	48,000
每月固定支出總和	4,300	51,600	258,000	516,000 半桶金！！

能量撲滿

22K很難存到錢？這件事也許有點難度，但絕不是完全辦不到的事，讓我們一起為人生的第一桶金好好加油吧！

除去我不要的，
留下想要的！

讓我們成為

Part 4 存款A咖！

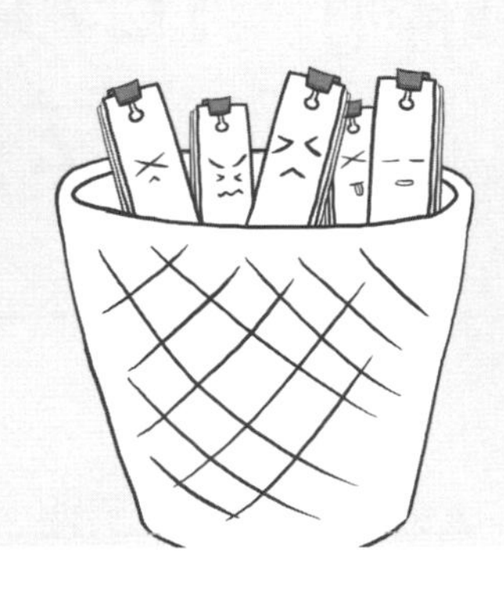

1. 擁有「**花錢判斷力**」，讓我們變**存款A咖！**
2. **月光族**是一時的，並非**不可改變的**
3. 每一張**發票，**都是一張**樂透**
4. **活動贈品滿街灑**
5. 摸彩獎品**網拍變獎金**
6. **多**一次買賣，**現省一千元**
7. 靠**兩張卡**，**完封一週**
8. **開錢包**次數越多，錢**散得越快**
9. **糖果罐**存錢法

1. 擁有「花錢判斷力」，讓我們變存款A咖！

這套音響要價十萬塊，到底應不應該買呢？今天肚子好餓，是否要花兩千元吃頓大餐？心情有點低落，是不是要參加部門內的夜唱活動，提振一下精神？

每天我們都免不了要做出很多的「花錢決策」，從清晨睜開雙眼的那一刻起，屬於一天的花費已經開始啟動，包括：一天平均200元左右的房租費用、就算沒打電話也要付的手機月租費……等等。這部分的費用，就是我們這套書中所謂的「固定支出」。

除此之外，還有許多無數個「花錢決策」正在等著我們，內容非常五花八門，包括：「早餐要吃35元的雞排漢堡，還是25元的雞排吐司蛋？」、「午餐的便當要不要加顆蛋？」、「下午時間要不要跟同事們一起團購買個小點心來吃？」、「今天回家要坐公車還是捷運？」

有的人會覺得不管選哪一個，似乎都差別不大。但擁有「花錢判斷力」的人就會很快做出判斷，例如：早餐沒什麼時間吃，就大概吃個雞排吐司蛋，中午午休時間再多吃一點吧。

有些朋友有收集公仔的興趣，有的甚至還會買回來自己拼貼，這項興趣從念書時代一直持續到結婚生子。後來老婆為了照顧孩子，選擇辭去工作在家帶小孩，兩人收入從雙薪加起來總共十萬塊的月收入，縮減為月收只剩下老公的七萬元，手頭默默吃緊起來。

結果老公依然不改其志，依然常常購買公仔，老婆則在家刷老公信用卡買保養品、孩子的衣物玩具，很快的，這個家庭的支出狀況開始無法存錢，漸漸的還開始出現赤字，最後夫妻倆甚至為了信用卡帳單吵架。

家裡只剩下老公的收入，總是無法存下錢。剛生了小孩，開銷一下子變多很多，再加上自己又全職在家帶小孩，存不了錢似乎是很一般的狀況。

70K無法存到錢，22K卻辦到了？

如果22K都能順利存下錢，70K為什麼反而不能呢？每個「花錢決策」，都在考驗人的「判斷力」，判斷這筆錢是否真的該花？價格是合理嗎？現在這個時間點購買適當嗎？

如果我們認為花錢只是把錢支付出去，那就太小看花錢這件事了。聰明消費的人在把錢花出去之前，一定會先反問自己上述的三個問題，來做為自己是否消費的依據。

當我們看見一件物品，內心興起想要購買的欲望時，可以問自己「這是需要，還是想要？」

如果是「需要」，這個價格是否合理？如果只是想要，自己一定要現在買嗎？

能量撲滿

把錢花出去之前，請一定要記得問自己一個問題：這筆開銷是必要的嗎？除了購買之外，有沒有其他的替代方案？如果有，採用其他替代方案，是否會對自己更有利呢？

2.月光族是一時的，並非不可改變的

Rebecca曾被貼上月光族的標籤，在此之前她還曾是星光族，但她慢慢意識到「自己似乎總是存不了錢」這件事後，便下定決心要好好面對這個問題。雖然她曾是月光族，但不代表她會永遠如此。

正因為以前總是在無意識中，不知不覺浪費掉不少金錢，現在她學會更加注意自己的每一筆開銷，每當必須打開錢包時，她都會再問自己一次，這個東西自己真的非買不可嗎？如果非買不可，有沒有更好的選擇？

現在Rebecca常說，正因為自己以前老是存錢失敗，逼自己不得不好好正視這個問題，才會有今天就算只賺22K、依然能順利存下錢的自己。

錢，應該為我們帶來快樂，而非壓力！

就算只賺22K，也要開開心心使用每一塊錢，否則就太對不起努力工作的自己。這是Rebecca很喜歡說的一句話。

錢，應該為我們帶來快樂。這句話，有人會解讀成：沒錯，擁有大量的金錢以後，我可以隨心所欲地揮霍，買任何我想帶回家的東西。

也有人會解讀為：有錢，就代表擁有更多的選擇，擁有更多的選擇可以讓我感到更加自由，自由將帶來快樂。

他們都說得很對，但也不完全對。以上這些話的前提都是必須擁有很多錢，才能帶來快樂，但如果只能這樣看待金錢，似乎有點太過狹隘了。

金錢，其實可以為生活帶來更多樂趣與成就感，不只是在花錢時如此，更應該在賺錢時、存錢時如此。

對Rebecca而言，存錢的樂趣遠大於花錢。因為收入有限，Rebecca必須在花錢上多用點心思，盡情展現她的聰明與判斷力，才能輕鬆省下每一塊錢。

每一塊她所存下來的錢，背後代表的絕不只是一塊錢那麼簡單，其中還包括她能靈活運用錢的能力、精明的判斷力、不斷增進的生活力，以及處處用心留意的觀察力。

以前金錢對Rebecca來說，換來的是一張月光族的標籤，現在金錢對Rebecca來說，卻是生活中不斷的發現、改進、讓自己變得更加聰明的指標之一。

每當她從「本來應該花出去的支出」中多存下一塊錢，都代表她又更懂得生活、更精明理財的數字證據。

能量撲滿

「了解問題」，是「解決問題」的第一步。

3. 每一張發票，都是一張樂透

Lucia是個三餐在外的上班族，每天的早餐、午餐、晚餐都在外用餐，平均一天會拿到五張左右的發票，有時候再買本書、衣服或小點心，一天超過五張發票的情況也很常見。

以前Lucia會任由發票把自己的錢包鼓脹到一個不行後，才開始把發票從錢包裡一一挖出來，丟進一個固定的盒子裡，等到可以對獎的時候，再把一張張發票拿出來，一張張整理對齊，最後再一張張對發票。

這樣整理發票最省時、省力！

對不少人來說，「對發票」是件麻煩的事，得先從錢包、盒子、隨手塞入的口袋……等等地方一一挖出所有發票後，一張張撫順，最後才能開始進行對獎工作。

更多時候，因為太過麻煩、超過對獎時間太久或懶得處理，白白喪失可能中獎的機會，只能望著被丟掉的整團發票，或者是N個月後才赫然發現皺巴巴的發票，心中默禱著——希望這張發票沒有中獎，不然可就要嘔得腸子都青了。

其實對發票不用這麼工程浩大，或內心充滿糾結情緒，只要事先設想好要怎麼處理發票，其實「整理發票」不過佔據一天24小時中，短短的幾秒鐘時間而已。

Lucia拿到發票時，有以下兩種處理方法：第一種是順手把發票捐出去，第二種則是拿回家對獎。

如果幸運中獎，有兩種處理方法：第一種是拿到郵局兌換獎金，第二種是直接拿到便利商店買東西，連跑郵局的力氣都省下來，直接進入便利商店花掉中獎金額，相當方便。

話說每兩個月就要和幾百張發票奮戰的Lucia，後來自行發展出一套「順手整理發票」的大妙招，實際操作情況如下。

因為每月所得發票數量很多，Lucia平均每個月都可以中獎一張以上，從200元到數千元的中獎金額都有中過。

只是每兩個月就要跟幾百張發票來場奮戰，常常花去Lucia不少時間，「對發票」儼然成為Lucia每兩個月一次的對獎大工程。後來Lucia利用「夾子分類法」，輕鬆無負擔完成對獎工程。

首先，Lucia準備十個燕尾夾，每天回家一邊看電視一邊拿出發票，利用零碎時間，依發票最後一個號碼0123456789，夾進屬於這個數字的夾子裡。

等到可以對獎時，只要挑出最後一碼有在得獎單子上的發票，一一進行對獎，其餘可以直接丟入垃圾桶裡，讓「對發票」成為輕而易舉便可完成的個人小遊戲。

善用我們的生活小聰明，把耗時的麻煩事，變成能夠輕鬆掌握的小遊戲，把生活中不經意得到的東西，變成存款金額中滋補的小獎金吧！

善用小道具，省時又方便！

財
財
財神爺會在哪裡出現呢？
興奮！
期待！
X－X月發票
168
571
666
625
860
尾數是2、3、4、7、9五個數字的發票丟進垃圾筒！馬上省下一半兌獎時間！

4.活動贈品滿街灑

Lucia住在淡水捷運站附近，每逢六、日都會搭乘捷運回木柵看媽媽，每次回去，她幾乎都可以帶點免費的伴手禮回去給媽媽，有時候是蜂蜜，有時候是一小包米，有時候還有咖啡跟小點心。

每次媽媽手裡拿著小禮物，都會忍不住對她說：「人回來就好，不要破費，幹嘛老是買東西回家？家裡什麼都有。」

Lucia起先笑笑不說話，後來自己招供：「其實這些小禮物都是免費的，是淡水捷運站孝敬您的……」媽媽一聽，詫異瞪大雙眼，一頭霧水追問：「免費？淡水捷運站孝敬我的？」

天上掉下來的小禮物

Lucia每次回家探望媽媽，都會經過淡水捷運站的廣場，有次被一位可愛的小女生拉去填問卷，填完之後，突然獲贈一小包米。

從不開伙的她，正愁著不知該拿著包米怎麼辦，腦袋靈光一閃，賊賊笑開，心想，自己雖然不開伙，但媽媽天天煮飯，反正自己剛好要回去探望媽媽，就把這包意外得來的小禮物，當成回家的伴手禮吧。

從此，Lucia經過捷運站時，都會稍微留意一下正在舉辦的活動，除了米之外，她還曾把蜂蜜、保養品試用組、環保餐具、好吃的素食餐點……拿回家借花獻佛。

後來媽媽實在受不了好奇心的驅使，親自來淡水瞧瞧，結果一試成主顧，現在Lucia的媽媽幾乎每個禮拜都會來淡水找女兒，母女倆共同熱衷的活動就是去捷運站散散步，幾乎每一次媽媽都能滿載而歸。

能量撲滿

假日時間經常到各大捷運站或廣場逛逛，常常會有意想不到的收穫喔！
不僅可以賺到不少小贈品，還能跟家人一同參與活動，是一舉數得的假日休閒活動。

5.摸彩獎品網拍變獎金

不管是尾牙抽獎，還是活動抽獎，我們總是默默祈禱自己可以抽到現金，但往往結果都會事與願違，在一陣心跳加速的期待後，大多時候總是會拿到一些自己不需要，或根本不想要的東西。

如果這時候就忙著垂頭喪氣，那就太傻囉，身為現代人的我們應該更加善用網路功能，把不需要的獎品通通變成花花綠綠的現金，小小爆增一下我們的存款數字吧！

連地上撿得折價卷都能賣

小可進公司的第二年尾牙，抽中一台當時很流行的小折，痛恨運動的她，羨慕的目光總是忍不住飄向抽中獎金兩千塊的同事身上。扛著重重的小折回家時，小可心裡還在想那兩張薄薄的「四個小孩」，回到家後，看著注定要在屋子裡長灰塵的小折，很喜歡網購東西的小可，突然想到自己可以把小折放到網路上去試賣看看。

一個禮拜後，小可看著銀行簿上、買家匯過來的一萬塊，興奮到久久說不出話來，沒想到她只是拍了幾張小折的照片放上網，馬上就能獎品變獎金，而且還比兩千塊多出八千塊。

嚐過甜頭後，小可不敢再輕忽身邊任何一種自己看起來覺得似乎沒用的東西，最誇張的一次，是她偶然在路上撿到住宿旅館的300元折價卷，抱著姑且一試的心情丟到網路上，沒想到居然也能賣得掉。

後來小可將網拍發揮得更加淋漓盡致，不僅賣自己不需要的東西、撿到的東西，還開始跟朋友上網賣自己的作品，尤其遇到特殊節日，就會買便宜的半成品禮物回來加工，再用更高的價錢賣出，賺取中間價差，小賺一筆。

能量撲滿

每樣東西都會有一個價格，我們不需要的東西，有時候卻是其他人更打算購買的商品。請不要小看每一樣東西，連一張飄落在地上的折價卷，都能成為我們存款數字中的一小部分。

6.多一次買賣，現省一千元

資訊，可以為我們搶得商機。資訊，也可以成為投資理財的好幫手。但很多人容易忽略到一點，資訊還可以幫忙省荷包，壯大我們的存款數字。

讓資訊成為我們的省錢利器

小可慣用的筆電壞了，她打算上網重新買一台新的，研究幾天後，她訂下一款筆電，付掉2萬多塊的費用，幾天後，便收到一台全新的藍色筆電。

收到筆電時，她發現顏色並不如自己預期中的好看，想要退貨再買銀白色的，可是又懶得再買賣一次。

幾經掙扎過後，小可決定將就著用，反正使用電腦的時候，看得是銀幕而不是外殼。過了兩天，小可閒賦在家沒事，開始上網瀏覽購物，突然瞪大雙眼，猛然發現自己購買筆電的網站正打出「滿萬送千」的促銷活動！

她看得傻眼，心裡直發涼，心想，如果自己現在再買筆電，可以直接現省兩千元吶；又如果商家能提前預告一下，自己不會想要多花這兩千元買筆電，一定會忍到現在再買筆電。

心痛之餘，小可摸摸自己剛到手不久的筆電，心裡悔恨交加，突然，她腦袋靈光一閃，立刻抓起手機打電話到客服中心，經過詢問後，自己仍在七天鑑賞期裡，歡欣鼓舞之餘，小可毅然決然退掉外殼藍色的筆電，改買銀白色。

其實在這整個過程中，小可只需要打電話退貨，再上網購買一次銀白色的筆電，接下來把藍色筆電裝回盒中，等著銀白色筆電被快遞送到自己面前就可以了，並不會花費太多的時間跟精力。

在這一來一往之間，小可雖然得多做一次買賣的動作，卻能一舉兩得，不僅買到自己喜歡的筆電顏色，還開開心心省下兩千元大鈔。

7.靠兩張卡，完封一週

在日復一日的工作中，宜君曾給自己設計一個小遊戲，**能不能不帶現金跟信用卡出門，卻同樣可以照常過日子？**結果，宜君證明的確可以這樣做，**而且她還連續一整個禮拜都這樣做！**

宜君那段時間上班只帶兩張卡出門，身上連一塊錢也沒有，也沒有攜帶任何信用卡、金融卡或郵局卡，大家要不要先猜一下是哪兩張卡片呢？

先小小提示一下，宜君是標準的通勤族，公司不是用紙卡打上下班卡，而是用一張員工證，刷一下公司各各角落安置的小型機器，就可以把上下班時間記錄到中央電腦去。

有時候上班快要遲到，宜君會先火速衝進大樓、用員工證刷離自己最近的機器，然後再慢慢走回辦公室即可。下班時，如果有急事，也可以先慢慢走到離公司大門最近的機器旁邊，等上頭的時間顯示出下班時間，輕鬆刷一下卡片，為自己爭取到從辦公桌移動到大門之間的十分鐘時間。

現在，大家心中已經有答案了嗎？

答案是——

功能限定卡，完美完封一週花費！

宜君只用「交通卡」（悠遊卡）與「員工證」，便輕鬆度過一個禮拜的上班族生活，在這幾天裡，她不僅要出門工作，準時上、下班，三餐也都在外頭解決。現在就讓我們來看看宜君不帶錢包出門的一星期生活。

每天早上，宜君用「交通卡」上下班，進入公司後，便可以開始一路使用「員工證」，直到下班時間到來，敲下下班卡後，再用「交通卡」坐公車回家。就這樣沒有從皮包裡掏過一元現金，從容度過一星期。

宜君的「員工證」不僅可以打卡，還可以成為員工餐廳裡的儲值卡，每餐飯的價錢都一樣，一律扣款50元，三餐都有供應。宜君有時候會選擇在公司把晚餐吃完，有時候會帶盒子過去，把餐點裝回家吃，省時、省力又方便。

每次宜君當月花錢花過頭時，她就會祭出這個大絕招，很快就能讓自己收支平衡過來，後來她想要存錢出國旅行，也用「二卡生活法」，輕鬆存下旅費，賞自己一趟美妙的甜美旅行。

「二卡生活法」之所以能讓宜君輕鬆存下錢的最大絕竅，就在於「杜絕額外花費的誘惑」，因為這兩張卡片的功能有限，一張用來乘坐交通，另一張只能購買公司內部提供的餐點，而不是什麼東西都能買的現金或信用卡。

手中貨幣工具能買的服務跟物品相當有限，「二卡生活法」讓宜君懶得把注意力放在自己根本沒辦法買的物品上。**沒有注意到，就不會產生購買欲望；沒有購買欲望，就不會消費**；沒有消費，就不會有花費，自然而然就能輕鬆存下大部份薪水！

能量撲滿

科技進步讓宜君不打開錢包，也能輕鬆過生活，甚至利用這兩張卡片上的優勢與限制，替荷包把關，讓自己輕鬆存下更多錢。

有我們保護
保護妳，不
會受外在的
誘惑！
有我們保護
保護妳，不
怕迷失道路
的方向！
麻煩你們嘍！
交通卡
吃飯卡
輸了…
連華服她看
都不看一眼…
康莊大道

8.開錢包次數越多，錢散得越快

打開錢包次數越多，越難存到錢。打開錢包次數越少，越容易存到錢。

對宜君來說，最棒的存錢方法，就是忘記自己有錢包跟信用卡這兩樣東西，只靠「二卡生活法」，最容易也最輕鬆存下錢。

請閉上雙眼，仔細回想一下，一天當中我們究竟需要拿出錢包幾次？最多是幾次，最少是幾次？有幾次是購買需要的東西，有幾次是購買臨時想要的東西？請一一寫在紙上，將會更幫助我們了解自己的錢，到底都流向何方？

以宜君沒有使用「二卡生活法」時的生活為例，每天早上醒來，第一筆花費就是刷公車卡，下了公車，一路朝公司移動時，會掏錢購買路上琳瑯滿目的各種早餐，午餐時間出來覓食，跟同事一起吃完飯後會再買一杯咖啡，小小討好自己一下，有時候下午還會跟團買杯飲料跟小點心。

到了晚餐時間，如果需要加班，就會再走出公司一次，買晚餐跟稍微休息一下，有時候看見便利商店裡的書或雜誌，也會順手買一本自己有興趣的讀物，或者是一個布丁或零嘴，當作自己辛苦工作的小犒賞。

下班回家前，清理辦公桌面，把喝了一半的咖啡跟飲料拿去丟掉，清洗裝著茶的馬克杯，抓起包包，看見小點心還沒吃完，一併拿起，走到茶水間，把吃不完的點心扔掉。

下了公車，在回家途中，看見路邊有人正在賣圍巾，想起最近天氣似乎轉涼了，便買了圍巾跟手套，最後連隔壁攤的項鍊攤也順便光顧一下。回到家後，打開滿滿一櫃的圍巾跟手套，把新買的放進去。

現在，請讓我們一起來計算一下，這一天當中宜君究竟總共打開幾次錢包？

有幾次是購買「需要」的東西，有幾次是購買臨時「想要」的東西？答案請見下頁。

錢包開開關關的祕密

宜君每天早上醒來，第一筆花費就是刷交通卡（1需要），下了公車，一路朝公司移動時，會掏錢購買路上琳瑯滿目的各種早餐（2需要），午餐時間出來覓食（3需要），跟同事一起吃完飯後會再買一杯咖啡（4想要），小小討好自己一下，有時候下午還會跟團買杯飲料跟小點心（5想要）。

到了晚餐時間，如果需要加班，就會再走出公司一次，買晚餐（6需要）跟稍微休息一下，有時候看見便利商店裡的書或雜誌，也會順手買一本自己有興趣的讀物（7想要），常常會忍不住再追買一個布丁或零嘴（8想要），當作自己辛苦工作的小犒賞。

下了公車（9需要），在回家途中，看見路邊有人正在賣圍巾（10想要），想起最近天氣似乎轉涼了，便買了圍巾跟手套（11想要），最後連隔壁攤的項鍊攤也順便光顧一下（12想要）。回到家後，打開滿滿一櫃的圍巾跟手套，把新買的放進去。

統計過後，我們可以看見宜君總共打開錢包12次，其中有5次是購買需要的東西，其中有7次是購買「臨時想要」的東西，居然比「真正的需要」還要多？

我們可以看到，宜君一天當中5次是購買需要的東西，而這5次恰恰剛好是交通卡（悠遊卡）跟職員證就可以包辦的所有花費，難怪宜君每次想要認真存錢時，就會啟動「二卡生活法」來幫助自己達到目標。

其實我們也可以使用「二卡生活法」的模式，來協助自己避開不該花的錢，把錢輕鬆存起來。

有人的方法是——準備一天必須花費的所有錢。例如：三百元。然後每天不帶過多的錢出門，如果沒有意外，就天天帶三百元去上班，用這種方法杜絕任何臨時性的消費，以免自己亂花錢。

輕鬆存錢的方法有很多，找出最適合自己的那一個，讓自己輕輕鬆鬆存下人生第一桶金吧！

9.糖果罐存錢法

存款簿裡的數字太抽象，常常讓人覺得有點太過「捉摸不到」，明明自己很努力存下每一塊錢，可是怎麼好像很「無感」，害自己存錢存得好沒成就感，連所謂存錢的喜悅也完全沒有娛樂到自己？

存錢真的是一件很「無感」的事情嗎？至少宜君絕對不這樣認為。

宜君除了熱愛「二卡生活法」之外，還獨門開創一套**「超有感」存錢法，被她戲稱為「糖果罐存錢法」**。

「糖果罐存錢法」的方法很簡單，宜君每個月會把額外存下來的錢，通通從銀行裡提領出來。例如：她規定自己每個月要存下5,000元到A銀行裡，其餘的錢就是所謂額外存下來的錢。

把錢領出來後，宜君便會興奮地衝回家，一一打開面對電視矮桌上的幾個大罐子，罐子是透明的，上頭有蓋子可以轉開，**罐子身上還有一個小吊牌，上頭寫著這個罐子「存錢的目的」是什麼、「需要多少錢」、「預計何時達成目標」，以及「目前存進多少錢」。**

目前宜君桌面上有五個罐子，分別寫上「到維也納旅行：六萬元」、「買一套好音響：一萬元」、「年底做公益基金：一萬元」、「買按摩器給媽媽當母親節禮物：兩萬元」、「明年買書與學習基金：一萬元」。

糖果罐的顏色很漂亮，擺在桌子上看起來有點像小藝術品，有時候宜君看電是累了，就會忍不住摸摸糖果罐，拿起上頭的吊牌，看看自己距離這些目標還有多遠？

有時候宜君看著看著，就會覺得十分滿足，有時候則會祭出「二卡生活法」，催促自己更快存到這些金額，以達到夢寐以求的目標。

讓最想要的一切，通通成真吧！

沒有把我們最想要的一切，認真放入真實的生活之中，它就永遠都不會實現。只有**當我們正視自己最想要的東西，並以認真的心情看待它們時，不管這些東西看起來有多麼難**

以達成，其實都已經離我們不遠。對宜君來說，「二卡生活法」只是生活中的一個小遊戲。

漸漸的，她開始發覺到自己似乎常常購買沒那麼真心想要的東西，甚至造成浪費，像是沒喝完的咖啡或點心，還有買了好幾年碰都沒碰過的衣服跟項鍊。

比起這些東西，她更想要的是糖果罐上寫的那些東西，而她卻常常**因為忍不住一時的購物衝動，買了「沒那麼真心想要的東西」，而間接被迫放棄自己「真心想要購買的東西」**。

宜君發現自己薪水就那麼多，常常買了A，就沒有足夠的錢買B，而A的購買往往是最容易，而且金額比較小，所以很容易把錢花在這上頭，忽略自己真正想要的東西。

有了「糖果罐存錢法」之後，趁著電視節目的廣告時間，她總會忍不住抓起罐子上的吊牌一一審視，一旦發現「母親節快到了」，或者是「距離預計出國旅行的目標時間，只剩下三個月」，便會立即啟動「二卡生活法」，迅速存下大量的金額，以求在「目標時間」內順利達成目標。

宜君在生活中徹底實踐「二卡生活法」與「糖果罐存錢法」，最主要的目的不是為了苛待自己，而是希望可以在滿足基本生活需求後，避開誘惑，不斷達成自己真正想要的一切，例如：出國旅行、送媽媽一個很棒的禮物、熱心做公益。

能量撲滿

真正聰明的消費行為，不是隨波逐流，也不是依照廣告暗示購買某項商品，而是靜下心來，凝聽自己內心真正想要的一切，最後讓心底這些默默祈禱的願望一個、一個通通實現！

隨時摸摸真心想要的東西
夢想其實就近在眼前！

Memo
省錢小計畫

Part 5
貼心小幫手八大空白表格

存款秘書一號

固定支出	每月支出	後來支出	當月現省	一年省下	五年省下	十年省下
房貸或房租						
勞健保或國保						
水費						
電費						
手機費						
室內電話費與有線電視費						
網路費						
保險費						
瓦斯費						
交通費						

存款秘書二號

流動支出	每月支出	後來支出	當月現省	一年省下	五年省下	十年省下
早餐						
午餐						
晚餐						
聚會大餐						
娛樂費（唱歌）						
治裝、鞋費						
保養品費用						
雜用（沐浴用品）						
飲料費						
零用金						

存款秘書三號

收入	固定收入	資本獲利	總和
一月			
二月			
三月			
四月			
五月			
六月			
七月			
八月			
九月			
十月			
十一月			
十二月			
年度總收入			

存款秘書四號

存款體質	A銀行存款	B銀行存款	B銀行定存	外幣戶頭	總和
一月					
二月					
三月					
四月					
五月					
六月					
七月					
八月					
九月					
十月					
十一月					
十二月					
年度總收入					

存款秘書五號

日期	品名	花費	該星期預算

存款秘書六號

貸款金額	還款日期	還款金額	尚未還清貸款

存款秘書七號

存款日期	存款金額	目前總存款

存款秘書八號

存款日期	存款金額	目前總存款	距離目標只差？

成功雲 13

出 版 者／雲國際出版社
作　　者／典馥眉
繪　　者／金城妹子
總 編 輯／張朝雄
封面設計／艾葳
排版美編／YangChwen
出版年度／2014年11月

省小錢，輕鬆存下100萬

How to save money

郵撥帳號／50017206 采舍國際有限公司
（郵撥購買，請另付一成郵資）
台灣出版中心
地址／新北市中和區中山路2段366巷10號10樓
北京出版中心
地址／北京市大興區棗園北首邑上城40號樓2單元709室
電話／（02）2248-7896
傳真／（02）2248-7758

全球華文市場總代理／采舍國際
地址／新北市中和區中山路2段366巷10號3樓
電話／（02）8245-8786
傳真／（02）8245-8718

全系列書系特約展示／新絲路網路書店
地址／新北市中和區中山路2段366巷10號10樓
電話／（02）8245-9896
網址／www.silkbook.com

省小錢,輕鬆存下100萬/典馥眉著. -- 初版. -- 新北市 : 雲國際, 2014.11
面；　公分
ISBN 978-986-271-525-3 (平裝)
1. 儲蓄 2. 個人理財
421.1　　103013813